"十四五"高等职业教育计算机类新形态一体化系列教材

C语言程序设计
任务驱动教程

许洪军　宋春晖◎主　编

吴秀莹　耿永增◎副主编

中国铁道出版社有限公司
CHINA RAILWAY PUBLISHING HOUSE CO., LTD.

内 容 简 介

本书以培养学生软件应用与开发能力和编程技能为目标，以“任务驱动式”教学法为施教主线，使学生带着问题学，学习目标更加明确和具体。

全书共分11章，以Visual Studio 2022为开发环境，讲述C语言程序设计的基础知识和编程方法。本书针对高等职业院校学生对本专业知识接受的实际程度，对教材的内容通过任务进行较大幅度的整合，同时融入课程思政案例，“案例实用性强，思政润物无声”。前10章主要讲解C语言基础知识，每章划分为若干个任务，教学时以任务实现为教学主线，在掌握知识的同时，也掌握其应用方式方法。第11章通过综合案例“图书管理系统”对C语言知识进行整合，锻炼学生的知识综合应用能力。本书内容新颖、体系合理、应用性强、通俗易懂。

本书适合作为高职高专院校C语言程序设计课程教材，也可作为C语言的培训教材和自学用书。

图书在版编目（CIP）数据

C 语言程序设计任务驱动教程 / 许洪军，宋春晖主编 . —2 版 . —北京 : 中国铁道出版社有限公司，2022. 10

“十四五”高等职业教育计算机类新形态一体化系列教材

ISBN 978-7-113-29511-0

Ⅰ. ① C… Ⅱ. ①许…②宋… Ⅲ. ① C 语言 - 程序设计 - 高等职业教育 - 教材 Ⅳ. ① TP312. 8

中国版本图书馆 CIP 数据核字（2022）第 143523 号

书　　名：C 语言程序设计任务驱动教程
作　　者：许洪军　宋春晖

策　　划：翟玉峰　　　　　　　　编辑部电话：（010）83517321
责任编辑：翟玉峰　包　宁
封面设计：尚明龙
责任校对：孙　玫
责任印制：樊启鹏

出版发行：中国铁道出版社有限公司（100054，北京市西城区右安门西街 8 号）
网　　址：http://www.tdpress.com/51eds/
印　　刷：三河市国英印务有限公司
版　　次：2016 年 1 月第 1 版　2022 年 10 月第 2 版　2022 年 10 月第 1 次印刷
开　　本：850 mm×1 168 mm　1/16　印张：17.25　字数：407 千
书　　号：ISBN 978-7-113-29511-0
定　　价：52.00 元

前　言

C 语言是当今影响和使用最广泛的程序设计语言之一，它兼有高级语言和低级语言的特点，既可用于编写应用软件，又可用来编写系统软件，是除汇编语言外执行效率最高的计算机程序设计语言。

C 语言结构简单、使用灵活，非常适合作为程序设计学习的入门级语言。本书的编写目的是按照计算机软件编程领域的技能要求，结合高职院校计算机专业对学生的培养方向，遵循“以职业岗位能力需求为本位”的编写思路，旨在培养应用 C 语言进行大量基础性编程工作的技能型人才。

本书由多位长期从事高职教育，又具有软件开发经验的高职院校骨干教师共同编写。针对传统教材体系建设仍不能满足职业教育的发展需要，本书采用“任务驱动式”编写体例，针对高职院校学生学习 C 语言易出现的具体问题进行精心设计，由浅入深、逐步推进，使学生能够轻松掌握 C 语言的语法知识，逐步提高阅读程序、调试程序、编写程序的技能。本书的基本特点如下：

（1）采用“任务驱动式”体例，将知识点与实际应用结合，学生在学习语法的同时，能够了解其具体应用。

（2）结合实例消化语法知识，使语法不再晦涩难懂。

（3）程序分析详细，注重编程思想引导。

（4）点拨难点，直接领会问题的关键。

（5）融入课程思政案例，提升课程思政育人功能。

（6）课后习题分类，按照题目难度实现分层教学。

为兼顾理论与实践教学，本书设计了大量的任务与应用示例，所有程序的源代码都通过 Visual Studio 2022（简称 VS 2022）实际测试，并且任务案例均附上运行结果界面。在第 1 章首先介绍了 VS 2022 的使用方式，便于读者熟悉 VS 2022。

本书由黑龙江农业工程职业学院许洪军、宋春晖任主编，吴秀莹、耿永增任副主编，张洪参与编写，其中许洪军负责全书的修改、扩充、统稿工作。各章编写分工如下：第 1 章、第 4 章由宋春晖编写，第 2 章、第 3 章由宋春晖、张洪编写，第 5 章由许洪军编写，第 6 章、第 7 章、第 11 章由吴秀莹编写，第 8 章、第 9 章、第 10 章由耿永增编写。

本书由哈尔滨理工大学计算机控制学院教授、博士生导师乔佩利主审。在编写过程中，贺维（哈尔滨师范大学）、张鹏（哈尔滨理工大学）、梁海红（黑龙江海康网络工程有限公司）、赵洪刚（中国电信股份有限公司黑龙江分公司）对本书的编写提出了很多宝贵建议，在此一并表示感谢。

由于编者水平有限，加之时间仓促，书中难免存在疏漏和不足之处，恳请广大读者批评指正。

编 者

2022年6月

目　录

第 1 章　初识 C 语言

在众多的编程语言中，C语言以其结构化、模块化风格，层次清晰、数据处理能力强，运算符和数据类型丰富，良好的移植性等特点，被广泛应用到各个领域。适合于编写系统软件及应用软件，是风靡全球的计算机语言。

Visual Studio 2022是微软公司发布的新一代集成开发环境，是目前为止最出色的 Visual Studio，它不再受内存限制困扰，主devenv.exe进程将不再局限于4 GB，可更加轻松地处理更大的项目和更复杂的工作负载。每天执行的操作（如键入代码和切换分支）更加流畅，响应速度更快，很快成为专业程序员进行软件开发的首选工具。

任务1　计 时 关 机

任务描述

本任务设计完成一个计算机关机程序。程序运行后，计算机处于关机倒计时状态，120 s后计算机将会关闭，当用户输入正确的指令后计算机解除关机状态，否则到达时间后计算机自动关机。

知识准备

C语言作为一种计算机高级语言，既有一般高级语言的特性，又具有一定的低级语言特殊性，所以它既适合编写系统程序又适合编写应用程序，已在国际上广泛流行。为了能够编写出合法的C语言程序，需要了解C语言的基本使用规则。

一、C 语言的历史背景

C语言是1972年由美国的Dennis Ritchie设计开发，并首次在UNIX操作系统的DECPDP-11计算机上使用的。C语言的前身是ALGOL语言，1963年英国剑桥大学在ALGOL语言的基础上增添了处理硬件的能力，并命名为CPL。CPL由于规模大，学习和掌握困难，所以没有流行起来。1967年剑桥大学的Matin Richards对CPL语言进行简化，推出了BCPL，1970年美国贝尔实验室的K.Thompson对BCPL进行了进一步简化，突出了硬件处理能力，并取了BCPL的第一个字母B作为新语言的名称。1972年贝尔实验室的Brain W.Kernighan和Dennis M.Richie对B语言进行了完善和扩充，并取了BCPL的第二个字母C作为新语言的名称，此时C语言便应运而生。

二、Visual Studio 2022 集成开发环境安装步骤

1. 下载 Visual Studio 2022

（1）打开微软官方首页，如图1-1所示。

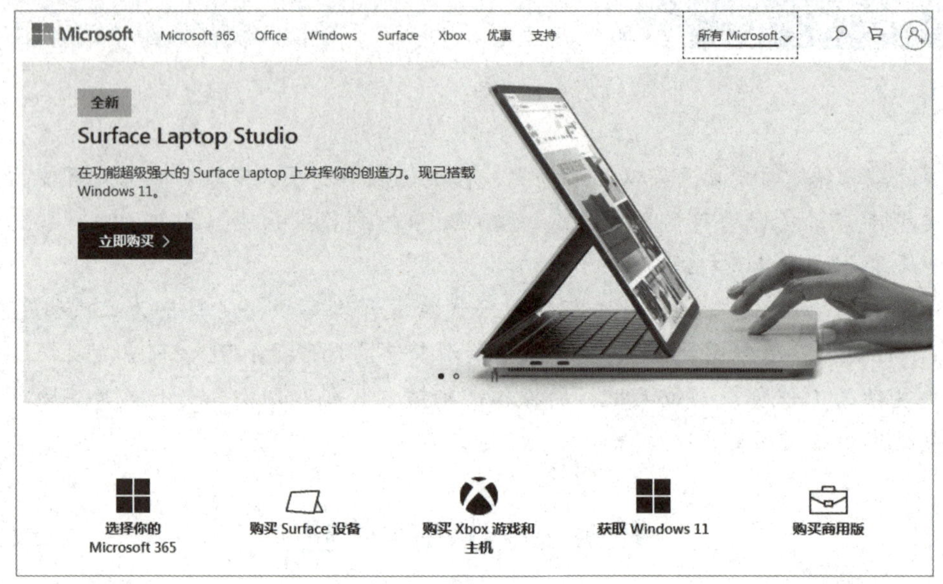

图 1-1　微软官网首页

（2）找到菜单栏右侧的“所有 Microsoft”下拉菜单，选择Visual Studio，如图1-2所示。

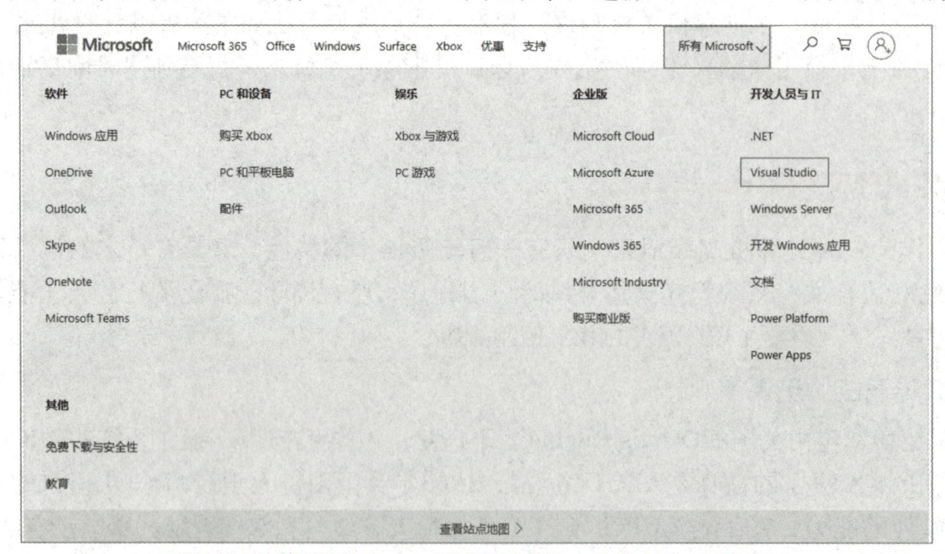

图 1-2　在“所有 Microsoft”下拉菜单中选择 Visual Studio

（3）在页面的中间位置，找到“了解Visual Studio系列”，单击下方的“下载Visual Studio”下拉按钮，下载Community 2022版本，如图1-3所示。

图 1-3　下载所需的 Visual Studio

2. 下载 Visual Studio 2022

（1）双击下载完毕的应用程序VisualStudioSetup.exe。按照提示要求，等待安装程序完成安装，如图1-4所示。

图 1-4　继续下载并安装 Visual Studio 界面

（2）程序安装成功后，进入安装提示界面，为了演示方便，这里展示安装C++功能。在“工作负荷”工具栏中找到“桌面应用和移动应用”区域，勾选“使用C++的桌面开发”复选框（见图1-5），找到“其他工具集”区域，勾选“Visual Studio 扩展开发”复选框，单击右下角的“安装”按钮即可，如图1-6所示。

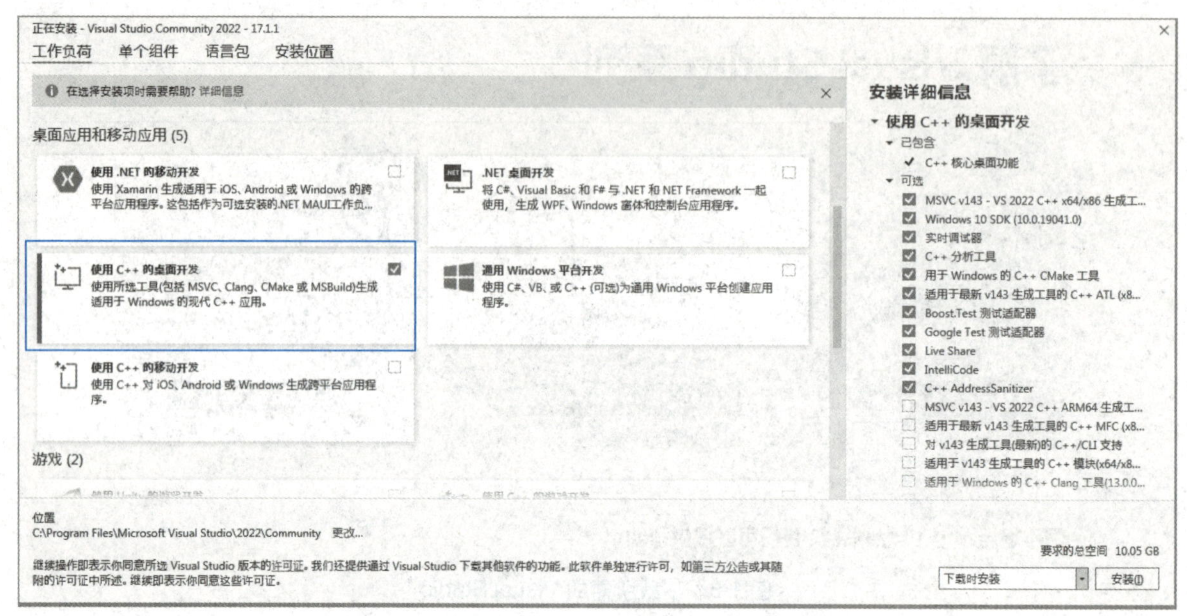

图 1-5　勾选“使用 C++ 的桌面开发”复选框

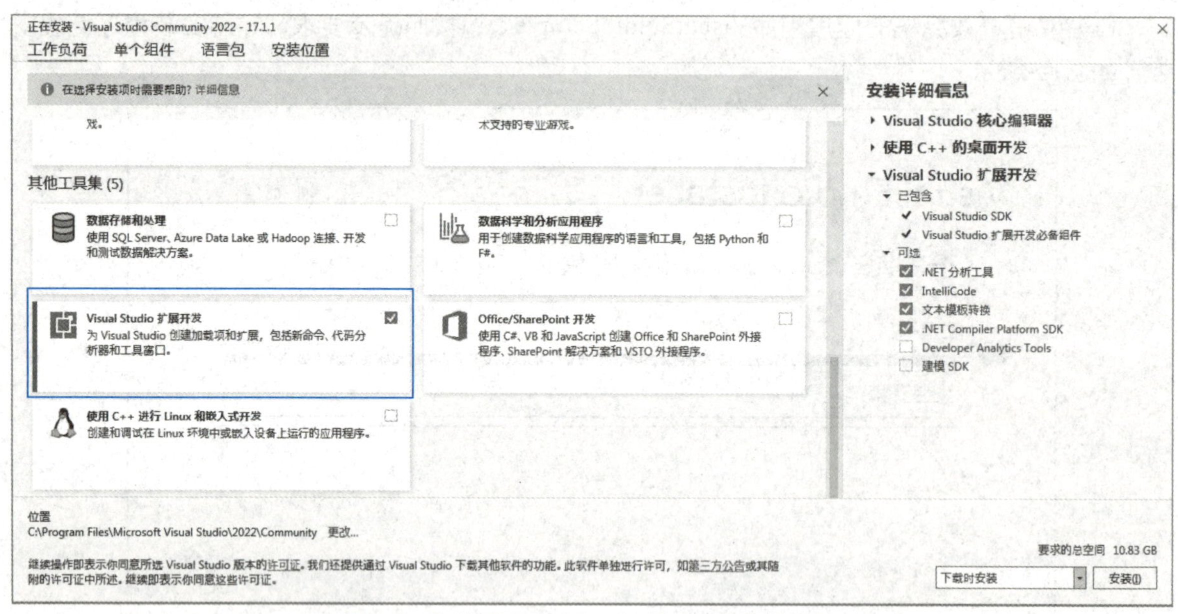

图 1-6　勾选“Visual Studio 扩展开发”复选框

（3）等待安装，安装快慢与网络有关，一般会比较漫长，请耐心等待。安装完毕后，按照提示要求，重启计算机，如图1-7和图1-8所示。

Visual Studio Installer

已安装　可用

Visual Studio Community 2022　暂停(P)

正在启动下载操作

0%

正在启动安装操作

0%

安装后启动

发行说明

图 1-7　等待安装界面

图 1-8　安装完毕后，重启计算机界面

三、利用 Visual Studio 2022 开发 C 程序的操作过程

1. 启动 Visual Studio 2022 应用程序

双击Visual Studio 2022快捷方式图标，运行Visual Studio 2022应用程序，根据自己的习惯，选择颜色主题，然后单击“启动Visual Studio”按钮，如图1-9所示。

2. 创建新项目

进入Visual Studio 2022开始使用界面，有克隆存储库、打开项目或解决方案、打开本地文件夹、创建新项目四个选项，选中“创建新项目”选项，如图1-10所示。

图 1-9　Visual Studio 2022 运行默认界面

图 1-10　Visual Studio2022 开始使用界面

在“创建新项目”界面，选择“控制台应用”选项，单击“下一步”按钮，如图1-11所示。

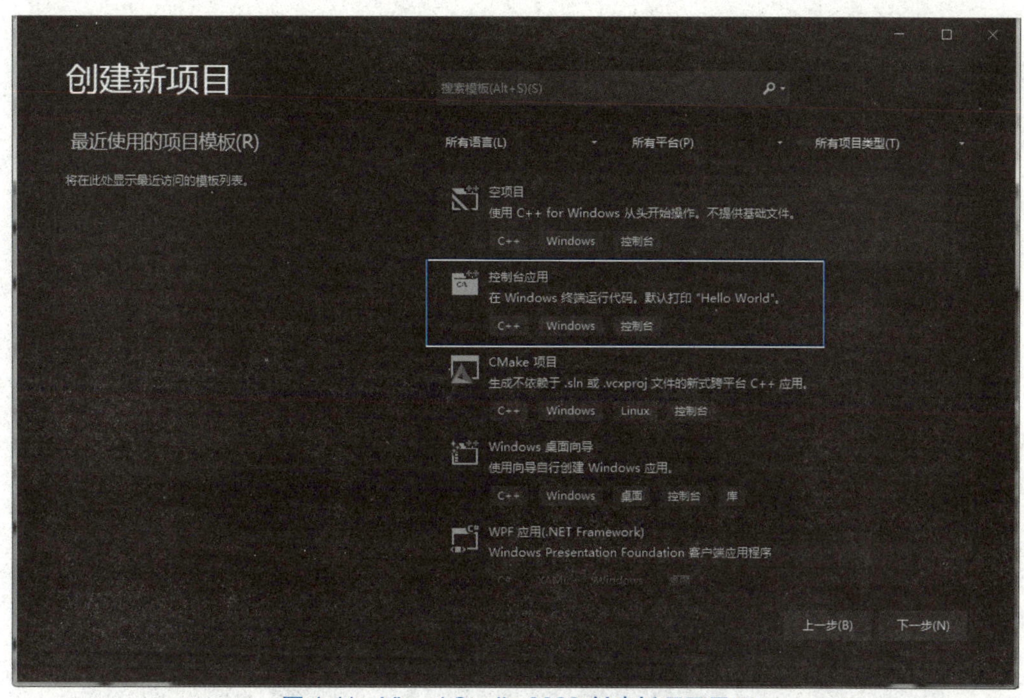

图 1-11　Visual Studio 2022 创建新项目界面

在“配置新项目”界面，输入项目名称、选择项目位置、输入解决方案名称之后，单击“创建”按钮，如图1-12所示。

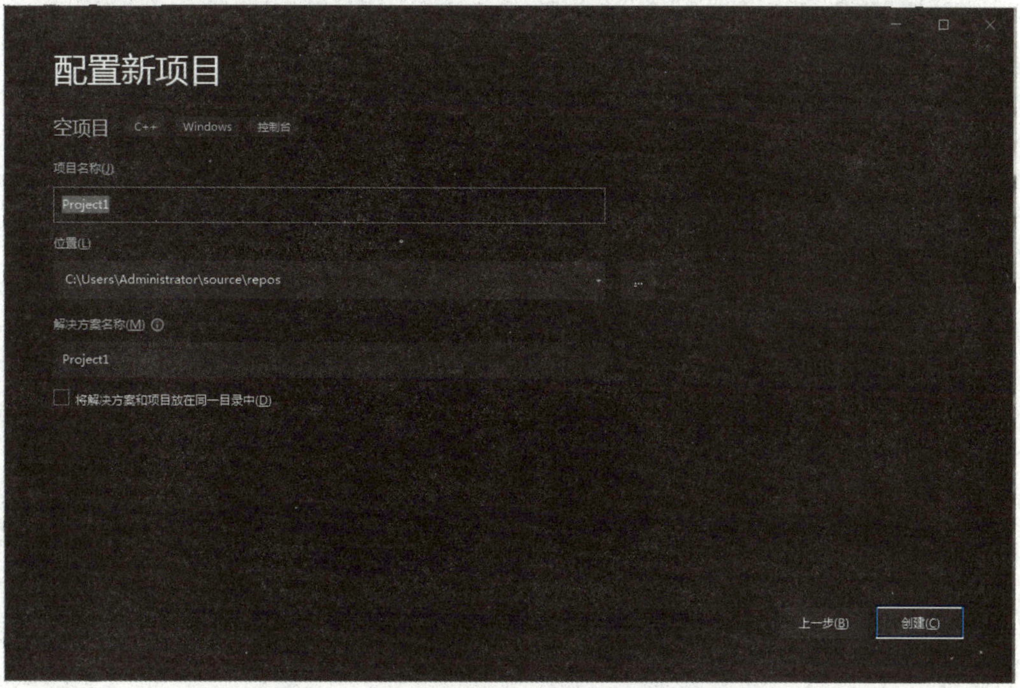

图 1-12　Visual Studio 2022 配置新项目界面

3. 新建 C 语言源文件

进入“解决方案资源管理器”界面，选择“源文件”项目，如图1-13所示。

图 1-13 Visual Studio 2022 解决方案资源管理器界面

右击“源文件”后，在弹出的快捷菜单中选择“添加”→“新建项”命令，如图1-14所示。

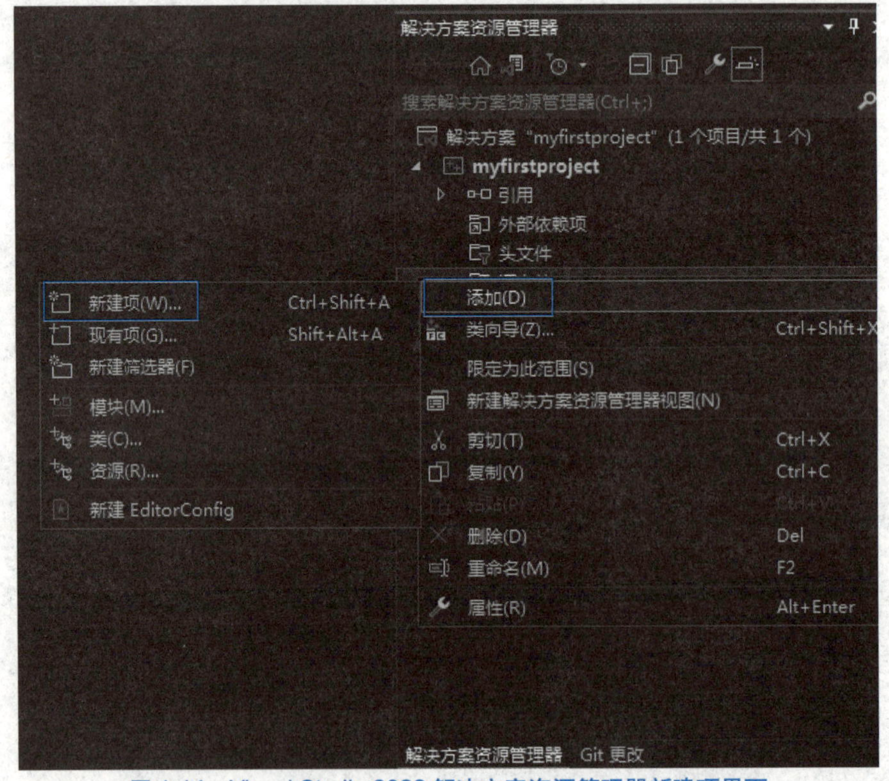

图 1-14 Visual Studio 2022 解决方案资源管理器新建项界面

弹出“添加新项”对话框，选择“C++文件”，在下方“名称”文本框中输入名称，默认文件为.cpp类型，也可以输入.c文件类型，单击“添加”按钮，如图1-15所示。

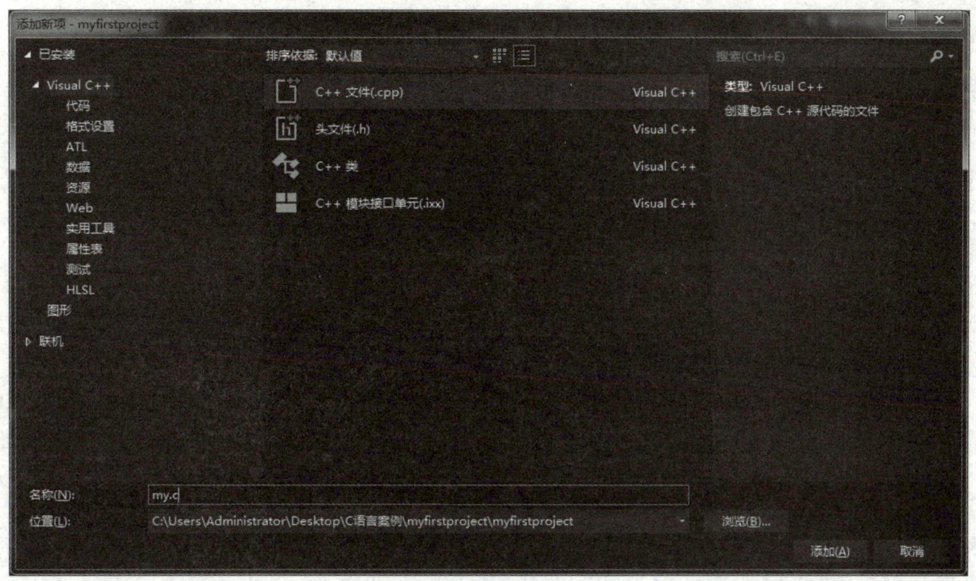

图 1-15　“添加新项”对话框

4. 编辑、运行 C 程序

进入程序编辑界面，编辑Hello World！程序，如图1-16所示。

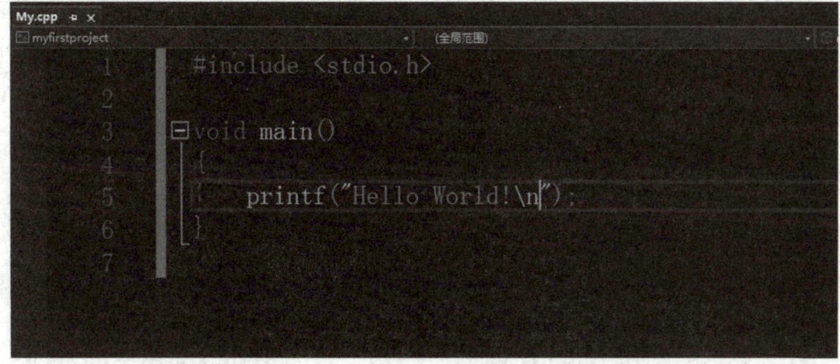

图 1-16　Visual Studio 2022 程序编辑界面

单击工具栏中的“本地Windows调试器”按钮编译程序，结果如图1-17所示。

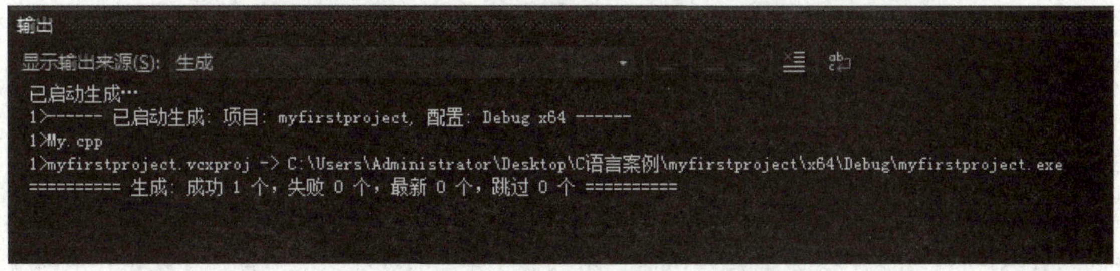

图 1-17　Visual Studio 2022 程序编译界面

程序运行结果，输出Hello World！信息，如图1-18所示。

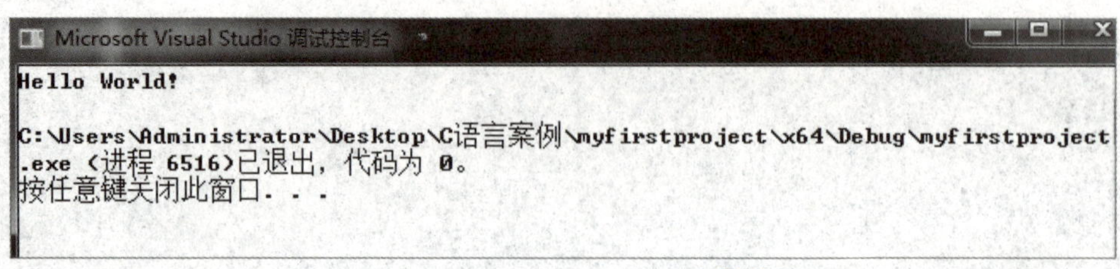

图 1-18 Visual Studio 2022 程序输出界面

四、C 程序的构成

（1）C程序是由函数构成的，其基本单位是函数。

（2）一个C程序由一个或多个函数组成，但其中必须有且只能有一个主函数，即main( )。

（3）一个函数由函数的首部和函数体两部分组成。函数的首部包括函数名、函数类型、形式参数。函数的格式如下：

```
函数类型 ␣ 函数名 ([形式参数])
{
    函数体
}
```

（4）函数名后必须有对圆括号“( )”，这是函数的标志，如main( )、printf( )等。

（5）函数体必须由一对花括号“{ }”括起。一个函数至少有一对花括号，若有多个花括号，则最外层的一对为函数体的范围。可以没有函数体，这样的函数称为空函数。

（6）C语言本身没有输入/输出语句。输入和输出的操作是由库函数scanf()和printf()等函数完成。

五、C 程序的特点

（1）C程序中所有函数的位置都是任意的，但总是从主函数开始执行到主函数结束。

（2）一行内可以写多条语句，一条语句也可写在多行上，用“\”做续行符。

（3）分号“;”是C语句的必要组成部分，即每条语句都必须以分号结束。

（4）可以用/*……* /对程序中的任何部分做注释，其作用是增强程序的可读性。给程序加上必要的注释是好的编程习惯。

六、C 程序的运行过程

（1）程序编辑：完成源程序的录入、修改与保存。生成扩展名为“.c”的C语言源文件。

（2）程序编译：计算机不能直接执行用高级语言编写的源程序，必须将源程序翻译成二进制目标程序。翻译工作是由编译程序完成的，翻译的过程称为编译，编译的结果称为“目标程序”，目标程序文件的扩展名为“.obj”。编译阶段还对源程序进行语法检查。

（3）程序组建：程序编译成目标程序后，便可进行连接。“连接”的目的是使程序变成在计算机上可以执行的最终形式。在这一阶段，系统程序库中的程序要与目标程序连接，形成可执行文件，其文件扩展名为“.exe”。

（4）程序运行：运行可执行文件，从而得到运行结果。若得不到正确的结果，必须修改源程序，重新编译和连接；若能得到正确结果，则整个过程顺利结束。每一步骤均可通过菜单操作或快捷键操作实现，具体执行步骤及功能如图1-19所示。

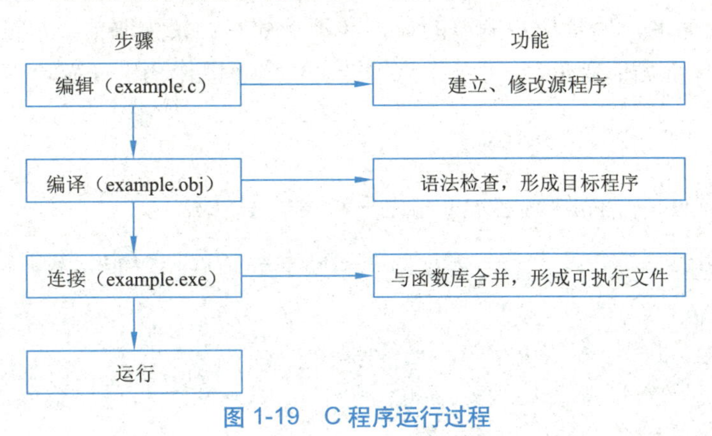

图 1-19　C 程序运行过程

七、C 程序的代码编写规范

本书限于篇幅，未严格按此规范编写代码，但实际编程中，为了代码清晰，尽量按此规范编写。

（1）相对独立的程序块之间要加空行分隔，在每个函数定义结束之后都要加空行，变量声明与执行代码之间加空行分隔。

（2）代码都要采用缩进风格。每次缩进一个制表符宽度，或者缩进2个或4个空格宽度，代码中应统一使用制表符或空格进行缩进，不可混用，否则在使用不同的源代码阅读工具时制表符将因为用户设置的不同而扩展为不同的宽度，造成显示混乱。

（3）较长的语句（≥60字符）要分成多行书写。

（4）一行代码只做一件事情，例如只定义一个变量，或只写一条语句，这样的代码容易阅读，并且便于写注释。不建议把多个短语句写在一行中。

（5）if、for、do、while、case、switch、default、continue、extern、return、typedef等语句自占一行，且if、for、do、while等语句的执行语句部分无论多少都要用花括号括起来。

（6）源程序有效注释量必须在20%以上。注释应尽量采用C语言的注释风格，即使用/*……*/。

（7）整段程序注释放于要注释代码段上方，需与其上面的代码用空行隔开；某一个语句的注释放于代码行的右侧。

（8）在常量名字声明后应对该名字做适当注释，注释说明的要点是被保存值的含义。

（9）标识符的命名要清晰、明了，有明确含义，同时使用完整的单词或大家基本可以理解的缩写，避免使人产生误解。命名中使用特殊约定或缩写时，要有注释说明。

① 变量的名字应当使用“名词”或者“形容词＋名词”。全局函数的名字应当使用“动词”“动词＋名词”或者“动词＋副词（动词短语）”的形式。

② 静态变量要加前缀s_（表示static），全局变量要加前缀g_（表示global），类的数据成员要加前缀m_（表示member），常量要加前缀c_（表示const）或使用全大写加下画线的形式。

③ 结构名用首字母大写的单词组合而成，结构名也可以用全大写单词加下画线分隔组成。结构名以_Stru为后缀，以区分函数名；全大写单词加下画线的结构名要以_STRU为后缀。

(10) 对于变量命名，尽量使用完整的单词而不是缩写；禁止取单个字符（如i，j，k，…），但i、j、k可以作为局部循环变量，p可以作为指针，x、y可以作为坐标变量。

知识应用

(1) 在屏幕上显示“学而时习之，不亦说乎？——《论语》”。

```
#include <stdio.h>                    /* 当前程序包含标准输入、输出信息库 */
main()
{
   printf("学而时习之，不亦说乎？——《论语》");
}
```

(2) 在屏幕上显示一个小猪的卡通形象。

```
#include <stdio.h>
main()
{
   printf(" ╭︿︿︿╮ \n");                /*\n 是转义字符，表示换行 */
   printf("{/ o  o /}\n");
   printf(" ( (oo) )\n");
   printf("   ︶︶︶ \n");
}
```

(3) 在屏幕上做一个简单的刷屏程序。

```
#include <stdio.h>
main()
{
   /*while 是循环语句，控制循环内语句反复执行 */
   while(1)
     printf("好好学习，天天向上！");
}
```

任务实施

一、任务流程分解

流程描述：程序开始执行后，程序会自动执行计算机关机命令（倒计时120 s），要求用户输入正确的关机解除口令（123），当输入正确时，解除计算机关机，否则继续执行关机命令。

① 程序初始化分析：产生计算机关机命令，定义关机解除命令存储空间。

② 数据录入分析：用户录入关机解除命令。

③ 数据处理分析：用户输入命令和用户预设命令比较。

④ 输出结果分析：

结果1：用户输入命令和用户预设命令相同，执行解除关机命令。

结果2：用户输入命令和用户预设命令不相同，继续运行关机命令。

二、知识扩展

调用系统命令system()

（1）包含头文件：stdlib.h。所谓文件包含，是指在一个文件中将另一个文件的全部内容包含进来。文件包含命令功能是把指定的文件插入该命令行的位置取代该命令行，从而把指定的文件包含进当前的源程序文件中，并连成一个源文件。文件包含命令在程序设计中很有用。一个大的程序可分为多个模块，由多个程序员分别编程。一些公用的符号常量或宏定义等可单独组成文件，在其他文件的开头用包含命令包含该文件即可。这样可避免在每个文件开头都去书写那些公用量，从而减少出错，并节省时间。

文件包含的一般形式：

```
#include "文件名"
```

或

```
#include <文件名>
```

包含使用注意事项：

① 一个include命令只能指定一个被包含文件，如果有多个文件需要包含，则要用多个include命令。

② 一般#include命令用于包含扩展名为“.h”的“头文件”，如stdio.h、string.h、math.h等，在这些文件中，一般定义符号常量、宏或声明函数原型，也可以包含用其他扩展名或没有扩展名的文件。

③ 包含命令中的文件名可以用尖括号括起来，也可以用双引号括起来。例如以下写法都是允许的：

```
#include "stdio.h"
#include <format.h>
```

但是两者也有区别：使用尖括号表示仅在包含文件目录中去查找（包含目录是由用户在设置环境时设置的）；使用双引号则表示首先在当前的源文件目录中查找，如果没有找到才到包含目录中去查找。

④ 文件包含允许嵌套，即在一个被包含的文件中又可以包含另一个文件。例如，如果文件file1.c包含文件file2.h，而文件file2.h又包含文件file3.h，可在文件file1.c中用两个include命令分别包含文件file3.h和文件file2.h，而且文件file3.h的包含命令应在文件file2.h的包含命令之前。

视 频

关机程序

（2）使用方式：system("系统命令")。

（3）系统命令中，shutdown –t 时间 –s 表示根据时间（秒）进行关机倒计时；系统命令中，shutdown –a 表示解除关机命令。

三、代码实现

```
#include <stdio.h>
```

```
#include <stdlib.h>
main()
{
   int password;                              /* 定义输入密码的存储变量 */
   system("shutdown -t 120 -s");              /*120 s后关闭计算机 */
   printf("请输入正确口令: ");                   /* 提示信息 */
   scanf("%d",&password);                     /* 录入口令 */
   if(password==123)                          /* 判断录入口令与预设口令是否相同 */
      system("shutdown -a");                  /* 相同时解除关机 */
}
```

四、结果演示

程序结果演示如图1-20所示。

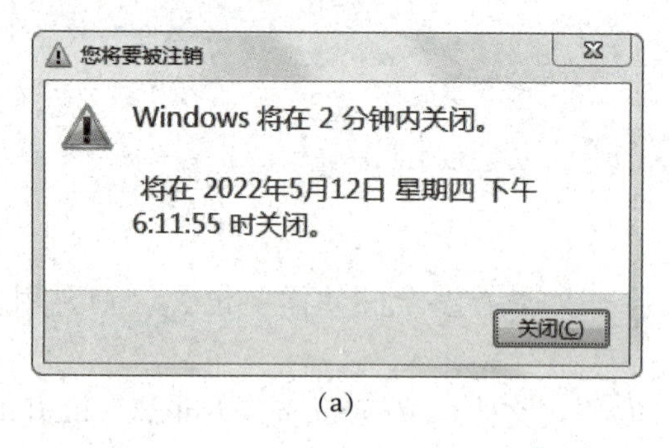

(a)

请输入正确口令：123

(b)

图 1-20 演示结果界面

小 结

本章重点内容为掌握C语言运行环境、C语言的基本单位、C程序的构成。C语言的基本单位是函数，一个函数由两部分组成，函数的首部与函数体。一个C程序总是从main()函数开始执行的。本章难点内容为在VS 2022环境下，正确创建一个C程序并运行，实现程序的编译和运行测试。

通过本章的学习，读者能够对C语言编程在应用层面有一定的认识，了解了如何创建一个C语言程序的步骤，为后续程序开发奠定了良好的基础。

练 习 题

一、选择题

1. 一个C程序的执行是从（　　）。

   A. 本程序的main()函数开始，到main()函数结束

B. 本程序文件的第一个函数开始，到本程序文件的最后一个函数结束

C. 本程序的main()函数开始，到本程序文件的最后一个函数结束

D. 本程序文件的第一个函数开始，到本程序的main()函数结束

2. 以下叙述中正确的是（　　）。

A. 在C程序中，main()函数必须位于程序的最前面

B. C程序的每行中只能写一条语句

C. C语言本身没有输入/输出语句

D. 在对一个C程序进行编译的过程中，可发现注释中的拼写错误

3. 以下叙述中错误的是（　　）。

A. 一个C源程序可由一个或多个函数组成

B. 一个C源程序必须包含一个main()函数

C. C程序的基本组成单位是函数

D. 在C程序中，注释说明只能位于一条语句的后面

4. C语言规定，在一个源程序中，main()函数的位置（　　）。

A. 必须在最开始　　B. 必须在系统调用的库函数的后面

C. 可以任意　　D. 必须在最后

二、填空题

1. C源程序的基本单位是________。

2. 一个C源程序中至少应包括一个________。

3. 一个函数由两部分组成，它们分别是________和________。

三、简答题

简述C语言的特点。

中级题

一、选择题

1. 一个C语言源程序是由（　　）。

A. 一个主程序和若干子程序组成　　B. 函数组成

C. 若干过程组成　　D. 若干子程序组成

2. 以下叙述中正确的是（　　）。

A. 构成C程序的基本单位是函数

B. 可以在一个函数中定义另一个函数

C. main()函数必须放在其他函数之前

D. 所有被调用的函数一定要在调用之前进行定义

3. 以下叙述中错误的是（　　）。

A. C语言源程序经编译程序编译后，生成扩展名为.obj的目标程序

B. C语言源程序经编译、连接步骤后才能形成一个可执行的.exe文件

C. 用C语言编写的源程序，以ASCII码的形式存放在一个文本文件中

D. C程序中的所有可执行语句和非执行语句最终都能被转换成二进制的机器指令

4. 以下叙述中正确的是（　　）。

A. C程序中的注释部分可以出现在程序中任意合适的地方

B. 花括号“{”和“}”只能作为函数体的定界符

C. 构成C程序的基本单位是函数，所有函数名都可以由用户命名

D. 分号是C语言之间的分隔符，不是语句的一部分

二、填空题

1. 在一个C源程序中，注释部分两侧的分界符分别为________和________。

2. 一个函数由两部分组成，它们分别是________和________。

3. 在每个C语句和数据定义的最后必须有一个________。

三、简答题

简述include语句的作用。

一、选择题

1. 以下程序编写正确的是（　　）。

A.

```
include<stdio.h>
main()
{
  printf("Hello World!\n");
}
```

B.

```
#include<stdio.h>
main()
{
  printf("Hello World!\n");
}
```

C.

```
#include<stdio.h>
{
  printf("Hello World!\n");
}
```

D.

```
main()
{
  printf("Hello World!\n");
}
```

2. 以下说法中正确的是（　　）。

A. 编辑代码是把C语言源代码翻译成用二进制指令表示的目标文件

B. 目标文件就是真正的机器语言，可以直接被计算机运行

C. 目标文件的扩展名是.obj，它是目标程序的文件类型标识

D. 可执行文件的扩展名是.apk，是可执行程序的文件类型标识

3. 以下说法中错误的是（　　）。

A. 程序的编辑主要是完成源代码的录入、修改、保存等工作

B. 计算机不能直接执行用高级语言编写的源程序，必须将源程序翻译成二进制目标程序

C. 编译阶段不能检查源程序中的语法错误

D. 高级语言的翻译过程由编译程序完成，程序编译后会生成目标文件

4. 下面关于C语言代码编写规范说法中错误的是（　　）。
   A. 相对独立的程序块之间要加空行分隔
   B. C程序语句不能够跨行编写，只能书写在一行上
   C. 代码编写要采用缩进风格，一般情况下，是每次缩进一个制表符宽度
   D. 在编写代码时，要尽量保证一行代码只做一件事情

二、填空题

1. C 语言源程序的文件扩展名是________。
2. C 语言目标文件的扩展名是________。
3. C 语言可执行文件的扩展名是________。
4. 编译是把 C 语言源程序翻译成用二进制指令表示的________。

三、简答题

简述 C 语言的运行过程。

第2章 数据类型、运算符、表达式

在编写C语言程序时，首先要涉及的是数据描述和功能描述。数据是实现功能的过程，功能是数据运算或处理的结果，没有数据，C语言就无法实现规定的功能，可见数据在C语言程序中的重要性。

C语言的数据类型是指对数据按某种规则所进行的分类。在C语言中有基本类型、构造类型、指针类型和空类型4种数据类型。运算符是说明特定操作的符号，它是构造C语言表达式的工具。C语言的运算异常丰富，除控制语句和输入/输出以外的几乎所有的基本操作都作为运算符处理。各种数据和运算符结合起来就成为表达式。在有些情况下，要想实现某种数学运算，可以借助于系统提供的数学函数，极大地方便了运算过程。通过学习本章内容，读者可以掌握C语言的基本数据类型、运算符及表达式相关知识与应用技巧。

任务2　输出电影信息

任务描述

本任务实现在屏幕上输出电影《长津湖》的基本信息。程序运行后，在屏幕上输出电影的电影类型、导演、编剧、领衔主演、上映时间、票房等信息。

```
* * ******************************** *
* *             《长津湖》             * *
* ****************************** * * *
* * 电影类型：历史、战争               * *
* * 导    演：陈凯歌、徐克、林超贤     * *
* * 编    剧：兰晓龙、黄建新           * *
* * 领衔主演：吴京                     * *
* * 上映时间：2021年09月30日           * *
* * 票    房：57.6 亿元                * *
* *         （截至2021年12月16日）     * *
* ****************************** * * *
* ****************************** * * *
```

知识准备

一、常量和变量

1. 常量及符号常量

在程序运行过程中，其值不能被改变的量称为常量。常量分为直接常量和符号常量，所谓符号常量，就是用一个标识符代表一个常量。例如：

```
#define PI 3.14
```

程序中用 #define 命令行定义PI代表常量3.14，此后凡在本程序中出现的PI都代表3.14。

说明：

（1）#define 是宏定义命令。

（2）宏名一般习惯用大写字母表示，以便与变量名区别，但也可用小写字母。

（3）宏定义不是 C 语句，不必在行末加分号。

（4）宏定义只作字符替换，不分配内存空间。

（5）#define 命令出现在程序中函数的外面，宏名的有效范围为定义命令之后到本源文件结束。

2. 变量

变量是在程序运行过程中其值可以发生变化的量。变量实质上是一个存储空间，用来存储程序运行过程中所需要的已知条件（初始值）、中间结果、答案（输出结果），以备用户调用和查看。不同的变量类型所占用的存储空间的大小不同。为了今后能很好地使用它，在使用之前要先规范其类型和名字。因此，就有了这样的结论：在C语言中，所有的变量必须先定义，后使用。

变量的命名规则遵循标识符的命令规则。标识符的命名规则如下：

（1）由字母、数字和下画线组成，且第一个字符必须为字母或下画线。例如，a1、yy、d_1是合法的标识符。

（2）严格区分大小写。例如，sum、Sum、SUM是完全不同的变量名。

（3）可由多个字符组成。

（4）变量名不能与C语言预先定义的关键字相同，否则在编译时会被当作关键字进行处理，从而产生错误。C语言的关键字有32个，详细内容见附录B。例如，“int int;”是定义一个名为int的整型变量，但由于int与关键字相同，所以是错误的定义。

二、C 语言的数据类型

C语言中的数据类型分为基本类型、构造类型、指针类型、空类型。图2-1列出了C语言中的所有数据类型。

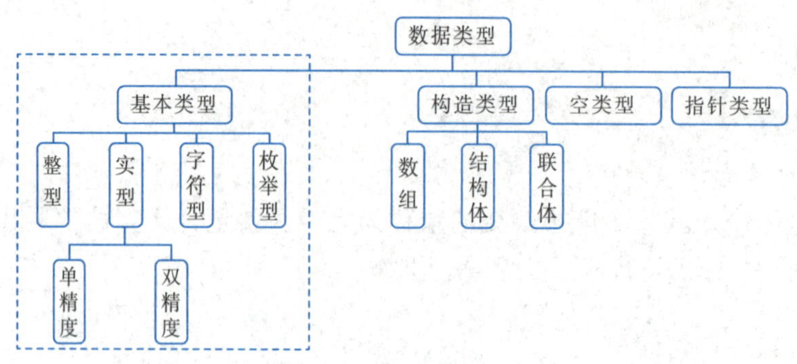

图 2-1　C 语言数据类型

三、整型变量的定义、赋值

1. 整型常量的使用

整型常量是没有小数的常量，即常数，如5、18、135等。在C语言中可以有3种合理的表示方式：十进制、八进制、十六进制，见表2-1。

表 2-1　整型常量的类型

进制类型	表示方法	举　例
十进制	逢十进一，由 0 ~ 9 十个数字构成	123、-100 等
八进制	以 0（零）作为前缀	0123、-0100 等
十六进制	以 0x（零 x）作为前缀	0x123、-0x100 等

说明： 用八进制和十六进制表示时，前缀与数据之间、前缀字符之间不能分开；十六进制中的前缀 x 不区分大小写。

2. 整型变量的定义

整型变量的定义格式如下：

```
整型类型说明符 变量名表；    /* 整型类型说明符和变量名表之间加一个空格 */
```

在使用整型变量时，根据需要选择相应的数据类型，在使用时一定不要超过对应类型的范围。整型类型说明符是表2-2数据类型中的任意一种；变量的命名规则遵循标识符的命令规则。

表 2-2　整型变量的类型、字节长度和取值范围

类　别	数据类型	字节长度	取值范围
一般整型	int	2	-32 768 ~ 32 767，即 -2^{15} ~ $(2^{15}-1)$
短整型	short	2	-32 768 ~ 32 767，即 -2^{15} ~ $(2^{15}-1)$
长整型	long	4	-2 147 483 648 ~ 2 147 483 647，即 -2^{31} ~ $(2^{31}-1)$
无符号型	unsigned int	2	0 ~ 65 535，即 0 ~ $(2^{16}-1)$
	unsigned short	2	0 ~ 65 535，即 0 ~ $(2^{16}-1)$
	unsigned long	4	0 ~ 4 294 967 295，即 0 ~ $(2^{32}-1)$

3. 整型变量的赋值

在变量的使用过程中，要分清变量名和变量值两个概念。

变量名是为了区分不同的变量及变量对应的存储单元而给变量取的名称。

变量值是指存储单元所存放的数据，它是可以随时改变的。改变变量的值就要为变量赋值，变量赋值是以新值替换旧值，变量的当前值总是最近一次赋给的新值。

（1）赋值语句的一般格式如下：

```
变量名 = 表达式；
```

"="称为赋值号。赋值语句的功能是先对赋值号右边的表达式进行求值，然后把求得的值赋给赋值号左边的变量，即修改变量的值为表达式的值。

例如，假设"a=5;"，则该赋值过程如图2-2所示。

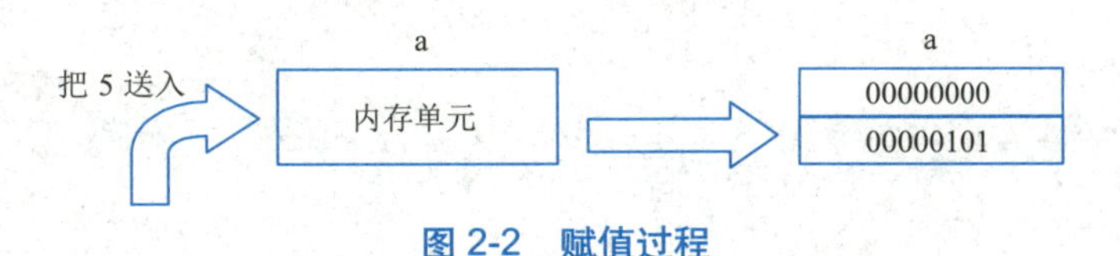

图 2-2 赋值过程

（2）整型变量的初始化。变量除了用赋值表达式和赋值语句赋值之外，也可以在定义时赋值。定义时赋初值又称变量的初始化。

定义时赋初值的一般格式如下：

```
整型类型说明符 变量名 = 表达式；
```

例如，"long x=50000;"相当于"long x;x=50000;"。

四、实型变量的定义、赋值

在C语言中，实型数据是一种非整型的数据表示方法。实型数据又称浮点型数据，按数据变化与否，分为实型常量和实型变量两种类型。和整型数据相比，实型数据表示的数据范围大，精度也高，但运算速度却较慢。

1. 实型常量的使用

实型常量有两种表示形式，一种是十进制小数形式，另一种是指数形式，见表2-3。通常，表示较大或较小的数用指数形式较方便。

表 2-3 实型常量的类型

表示方法	特 点	举 例
小数方式	由数字和小数点组成	2.1、0.12、21.、0.0
指数方式	由字母 e 或 E 连接两个数字组成	2.1e4、1e2、0.1e-8

说明：

（1）指数形式 1.0e5 等价于 1.0×10^5。

（2）无论是十进制小数形式还是指数形式，包括指数的幂，正数均可以省略"+"号。

（3）十进制小数形式中的小数点是必不可少的，而整数部分和小数部分可以缺少其一，但不能同时没有。

（4）指数表示法中，e不区分大小写，e的两边必须有数，且e后面的指数部分必须是整数。

2. 实型变量的定义

实型变量也遵循变量的基本使用方法，即先定义后使用。

实型变量又可分为单精度和双精度两种类型。不同的类型占用不同的存储空间，运行在IBM PC及其兼容机上的实型变量的字节长度和取值范围见表2-4。由表可以看出float和double两种数据类型的不同。在使用时，根据数据的大小、精度、有效位数决定使用哪种类型。

表 2-4 实型变量的类型、字节长度、取值范围和有效位

数据类型	字节长度	取值范围	有效位
float	4	1.0e-37 ~ 1.0e+38	7
double	8	1.0e-307 ~ 1.0e+308	16

实型变量的定义格式：

```
实型类型说明符 变量名表；
```

说明：

（1）类型说明符是表 2-4 所示数据类型中的任意一种，一般根据数据的大小进行选择。

（2）变量名的命名规则遵循前面所讲的标识符的命名规则。例如：

```
float x;
double  a,b;
```

3. 实型变量的赋值

(1) 赋值语句的一般格式。赋值语句的一般格式如下：

```
变量名 = 表达式；
```

它的所有含义和注意事项都和整型变量的赋值要求一样。例如：

```
a=3.14;
x_1=12.8;
```

(2) 实型变量的初始化。变量除了用赋值表达式和赋值语句赋值外，也可在定义时赋值。定义格式：

```
实型类型说明符 变量名 = 表达式；
```

例如：

```
float a,b=1.0;                /*定义两个变量 a、b，并给 b 赋初值 1.0*/
double a=10.0,b=20.0;         /*定义两个变量 a、b，并给 a 赋初值 10.0、b 赋初值 20.0*/
```

五、字符型变量的定义、赋值

在C语言中，有时需要有描述性的语言和符号，那么就需要有相应的数据来满足这个需要，由此引进字符型数据。字符型数据也可分为字符型常量和字符型变量两大类。

1. 字符型常量的使用

（1）字符型常量是用单引号引起来的单个字符，如'a'、'0'、'# '等。

（2）字符型常量有可显示字符和不可显示字符两种，可显示字符有大小写字母、数字及标点符号等；不可显示字符有换行符、回车符及换页符等。

（3）在字符常量中，还有一些特殊的字符型常量，称为转义字符，其表示方法是以“\”开头。转义字符及其含义见表2-5。

表 2-5　转义字符及其含义

字符形式	含　义	ASCII 码
\n	换行，将当前位置移到下一行开头	10
\t	水平制表（跳到下一个 Tab 位置）（一般为 8 位）	9
\b	退格，将当前位置移到前一列	8
\r	将当前位置移到本行开头	13
\f	换页，将当前位置移到下页开头	12
\\	反斜杠字符“\”	92
\'	单引号（撇号）字符	39
\"	双引号字符	34
\ddd	1 ~ 3 位八进制数所代表的字符	—
\xhh	1 ~ 2 位十六进制数所代表的字符	—

其中，'\n'中的"n"不代表字母n而是作为“换行”符。'\101'表示ASCII码（十进制数）为65的字符'A'。字符与ASCII码之间的对应关系见附录A。

2. 字符型变量的定义

字符型变量用来存放字符常量，它只能存放一个字符。

字符变量的定义形式如下：

```
字符型类型说明符 变量名表；
```

字符型变量的类型、字节长度和取值范围见表2-6。

表 2-6　字符型变量的类型、字节长度和取值范围

数据类型	字节长度	取值范围
char	1	-128 ~ 127
unsigned char	1	0 ~ 255

例如：

```
unsigned char c1;
char a,b,c;
```

3. 字符型变量的赋值

（1）赋值语句的一般格式。赋值语句的一般格式如下：

```
变量名 = 表达式；
```

它的所有含义和注意事项都和整型、实型变量的赋值要求一样。例如：

```
c1='a';
c2='#';
```

（2）字符型变量的初始化。变量除了用赋值表达式和赋值语句赋值之外，也可在定义时赋值。

定义格式如下：

```
字符类型说明符 变量名 = 表达式；
```

例如：

```
char ch1,ch2='A';        /* 定义两个字符型变量 ch1、ch2，并给 ch2 赋初值字符 A*/
char a=65,b=66;          /* 定义两个字符型变量 a、b，并给 a 赋初值 65、b 赋初值 66*/
```

4. 字符串常量及其输出

在使用字符型数据时，经常遇到的不是单个字符，而是字符串，即多个字符。在C语言中，字符串常量用双引号括起来，并且是有序的如"hello"、"a"、"a+b"等。

字符串常量和字符常量是不同的常量，它们之间有以下区别：

（1）在表示方法上，字符常量由单引号括起来，字符串常量由双引号括起来。

（2）字符常量只能是单个字符（包括一些特殊字符常量），字符串常量可以是一个或多个字符。

（3）在赋值时，把一个字符常量赋予一个字符变量（如char a='c';）是合法的，而把一个字符串常量赋予一个字符变量（如char a="abc";）是非法的。字符串常量的存储可以用一个字符数组来存放，具体内容将在第6章中介绍。

（4）字符常量占1字节内存空间。而字符串常量占的内存字节数等于字符串中实际字符数加1，增加的1字节用来在字符串的最后存放'\0'，以作为字符串结束的标志。

如果有一个字符串"HELLO"，它在内存中的存储形式如图2-3所示。

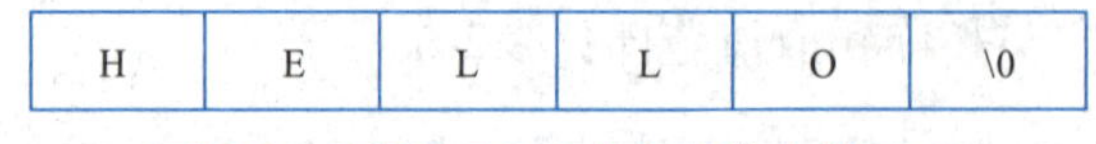

图 2-3 "HELLO" 在内存中的存储形式

知识应用

一、整型变量赋值与输出

1. 整型变量赋值语句

```
#include <stdio.h>
main()
{
   int a,b,c;
   a=2;b=a+1;
   c=a+b+4;
}
```

说明：

（1）“int a,b, c ;”是变量说明（定义）部分，定义了 3 个 int 型变量 a、b、c。

（2）“a=2;”是赋值语句，它表示给变量 a 赋初值 2。

（3）“b=a+1;”是赋值语句，它表示把变量 a 的现值 2 取出来与 1 相加，再把结果 3 保存到变量 b 中。

（4）“c=a+b+4;”是赋值语句，先计算 a+b+4 的值，为 9，然后将 9 赋给变量 c。不管原来 c 的值是多少，执行该语句后，c 的值就会被修改为 9。

通过赋值，最后a、b、c中的值分别是2、3、9。其中，a、b、c是变量名，2、3、9是变量的值。

2. 整型变量的初始化

```
#include <stdio.h>
main()
{
   int a,b=1;             /* 定义两个整型变量 a、b，并给 b 赋初值 1*/
   int x=10,y=x;          /* 定义两个整型变量 x、y，并给 x 赋初值 10、y 赋初值 10*/
   int a=b=c=1;           /* 这是错误的变量初始化方法 */
}
```

说明：

（1）变量在定义时，如果不指定初值，即不初始化，则其值是一个不确定的任意值。

（2）“int a,b=1;”定义整型变量 a、b，并给变量 b 赋初值为 1。

（3）“int x=10, y=x;”等价于“int x=10, y; y=x;”。

（4）“int a=b=c=1;”本意为定义整型变量 a、b、c，并全部赋初值 1。但这是错误的初始化方法。变量初始化时，不能用一个“=”给多个变量赋初值，这样编译程序时，会认为 b、c 变量未定义。因此，应改为“int a,b,c; a=b=c=1;”。

（5）在定义时，赋初值并不是必需的，变量只要在引用之前赋值即可。

将存储的整型变量输出，需要有输出函数以及相应的控制格式实现，这里先简单了解一下，后面的章节将进行详细介绍。

3. 整型变量输出

程序如下：

```
#include <stdio.h>
main()
{
    int x=100,y=0100,z=0x100;
    printf("d: %d %d %d\n",x,y,z);
    printf("o: %o %o %o\n",x,y,z);
    printf("x: %x %x %x\n",x,y,z);
}
```

运行结果：

```
d: 100   64   256
o: 144   100  400
x: 64    40   100
```

说明：

程序中 %d、%o、%x 分别是 printf() 函数的输出十进制、八进制、十六进制整型数据的格式控制符。显示时，它们由后面相应变量的值进行替换，若双引号中间部分有其他字符，则输出时照原样显示。程序中输出关系如图 2-4 所示。

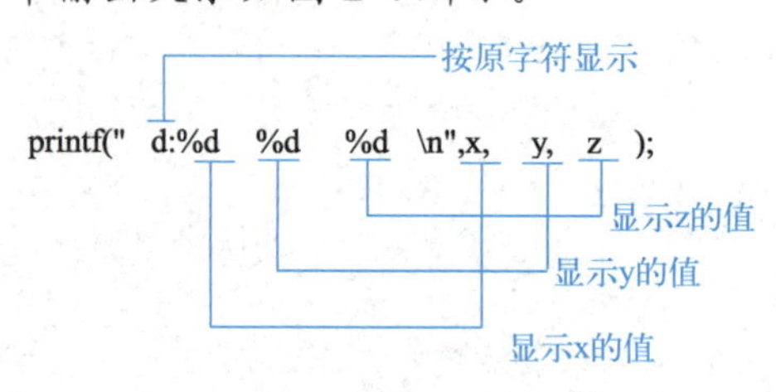

图 2-4 printf() 函数整型变量输出格式

二、实型变量赋值与输出

1. 实型变量赋值

程序如下：

```
#include <stdio.h>
main()
{
   float a=2111.1,b;
   double x,y;
   b=15.45678;
   x=1.0e4;
   y=a+b+x;
}
```

说明：

（1）“float a=2111.1, b;”定义两个单精度变量 a、b，并给 a 赋初值 2111.1。

（2）“double x, y;”定义两个双精度变量 x、y。

（3）“b=15.45678; x=1.0e4;”分别给变量 b、x 以不同的形式赋初值。

（4）“y=a+b+x ;”先对 3 个变量 a、b、x 求和，再把结果存入变量 y 中。

在本程序中，如果赋给变量a、b的值超过七位有效数字，如float a=1111.11111，则数据在存储时就会和原值出现误差，最后两位小数不起作用，导致存储失真。如果a改为double型，则能接受全部有效数字。所以，要根据需要使用合适的数据类型。

2. 实型变量输出

程序如下：

```
#include <stdio.h>
main()
{
   float a;
   a=123.0;
   printf("%e\n%f",a,a);
}
```

运行结果：

```
1.23000e+002
123.000000
```

说明：

本程序在输出函数 printf() 中使用了实型变量的两种控制输出格式：%e、%f。显示时，它们由后面相应变量的值进行替换，其关系如图 2-5 所示。

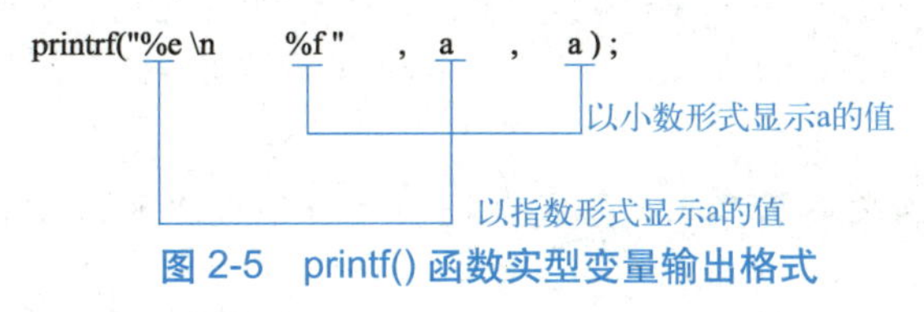

图 2-5　printf() 函数实型变量输出格式

三、字符型变量赋值与输出

1. 转义字符的使用

程序如下：

```
#include <stdio.h>
main()
{
   printf("_ab_c\t_de\tg\n");
   printf("f\'\t_\"abv");
}
```

运行结果：

```
_ab_c␣␣␣_ de␣␣␣␣␣g
f'␣␣␣␣␣␣_"abv
```

说明：

（1）在本程序中，用 printf () 函数直接输出双引号内的各个字符，其中“V”表示空格符。

（2）注意其中的转义字符。第一个 printf() 函数先在第一行左端开始输出“_ab_c”，然后遇到“\t”，它的作用是“跳”到下一个“制表位置”，在系统中一个“制表区”占 8 列。“下一个制表位置”从第 9 列开始，输出“_de”，再跳到下一个制表位，即第 17 列，输出“g”。然后遇到“\n”换行。依此类推，可得出第二个输出语句的结果。

2. 字符型数据的输出

程序如下：

```
#include <stdio.h>
main()
{
   char c1,c2;
   c1='A';
   c2='B';
   printf("%c,%c\n",c1,c2);
   printf("%d,%d",c1,c2);
}
```

运行结果：

```
A,B
65,66
```

说明：

（1）在第一个输出函数中用了 %c 格式来控制字符型数据的输出，并且按对应位置进行显示输出字符型数据。

（2）在第二个输出函数中，用整型变量控制输出格式 %d 控制字符型变量的输出，得到了相应字符所对应的 ASCII 值。

可见字符型和整型，在一定范围内是可以互换使用的。这是一个很重要的结论，今后将会经常用到。

3. 字符串的输出

程序如下：

```
#include <stdio.h>
main()
{
   printf("%s\n","This is a C program. ");
}
```

运行结果：

```
This is a C program.
```

说明：

在本程序中，使用了字符串输出控制格式 %s，在输出时，会在相应的位置显示所要输出的字符串常量。

任务实施

一、任务流程分解

（1）任务分析：通过本任务的实现，学会实型变量定义方法，并掌握变量输出格式的设置方法。

（2）变量定义分析：本任务定义一个变量pf（票房），并初始化赋值为57.6。

（3）输出结果分析：在用printf()函数输出时，要控制好输出格式。本显示屏程序共输出12行，输出一行后要注意换行；要控制好信息对齐方式，充分考虑到不同数据类型输出宽度问题，适当运用转义字符或空格完成。

二、代码实现

```
#include <stdio.h>
main()
{
   float pf = 56.1;
   printf("*****************************************\n");
   printf("**               《长津湖》               **\n");
   printf("*****************************************\n");
   printf("** 电影类型: 历史、战争                    **\n");
   printf("** 导    演: 陈凯歌、徐克、林超贤          **\n");
   printf("** 编    剧: 兰晓龙、黄建新                **\n");
   printf("** 领衔主演: 吴京                          **\n");
   printf("** 上映时间: 2021 年 09 月 30 日           **\n");
   printf("** 票    房: %.1f 亿元                   **\n",pf);
   printf("**          (截至 2021 年 12 月 16 日)      **\n");
   printf("*****************************************\n");
   printf("*****************************************\n");
}
```

视 频

输出长津湖电影信息

三、结果演示

程序结果演示如图2-6所示。

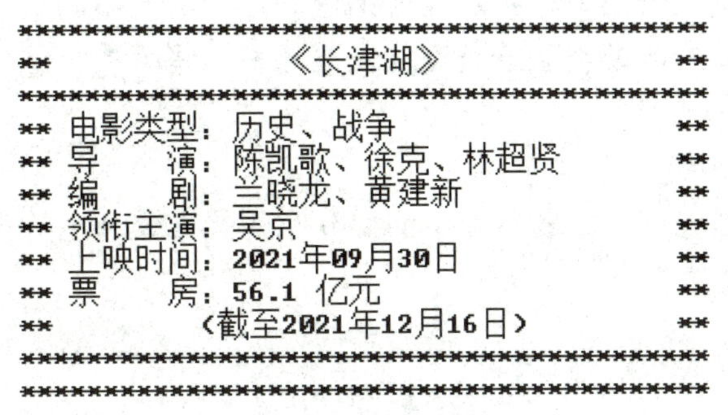

图 2-6　演示结果界面

任务3 科学计算

任务描述

本任务利用海伦公式求解一个边长分别为6、8、10三角形的面积。海伦公式为$s=\sqrt{p*(p-a)*(p-b)*(p-c)}$，其中，$s$为三角形面积，$p=\frac{a+b+c}{2}$，$a$、$b$、$c$分别为三角形三条边的长度。

知识准备

一、自动类型转换和强制转换

1. 自动类型转换的定义和规则

当不同类型的数据在运算符的作用下构成表达式时要进行类型转换，不同类型的数据要先转换成同一类型，然后进行运算。这种转换是由系统自动完成的，因而称为自动类型转换。自动类型转换时遵循的规则如图2-7所示。

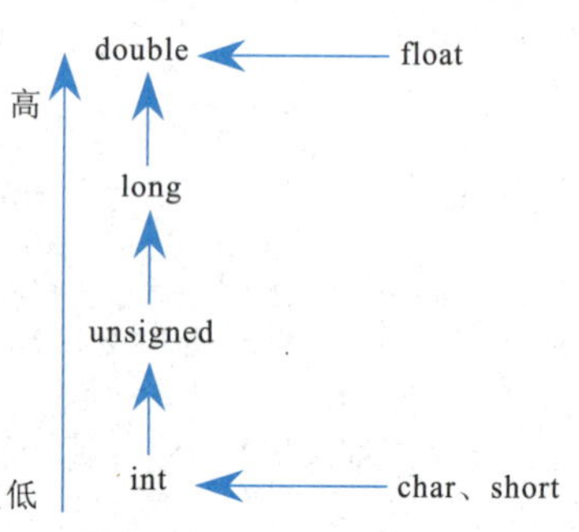

图 2-7 数据类型优先级

（1）图中右侧横向向左的箭头表示必定的转换。如char、short型数据要想运算必先转换为int型。float型数据必定先转换为double型，即使两个float 型数据相运算，也先都转换成double型，然后进行运算。

（2）纵向箭头表示当参与运算的对象为这几种不同数据类型时的转换方向。即当int 型与double 型数据进行运算时，先将int 型数据转换成double 型，然后在两个同型数据间进行运算，结果为double型。箭头的方向只表示类型级别的高低。

（3）纵向箭头所指的数据类型不是必定转换，而且也不是逐级转换的。

例如，对于表达式int+long-long，系统的处理是直接将int转换成long，而不是先将int转换成unsigned再转换成 long。并且在表达式中没有出现double型，则结果不会转换成double型。

（4）在赋值运算或赋值语句中，当赋值号两边的数据类型不同时，赋值号右边的类型转换为左边的类型。如果右边的数据类型的长度比左边的长，将丢失一部分数据，丢失的部分按四舍五入方式向前舍入。

2. 数据类型的强制转换

上述的类型转换由系统自动完成，而下面要介绍的是人为指定的类型转换，称为强制类型转换。强制类型转换格式如下：

```
(数据类型定义符) 表达式
```

说明：

（1）类型定义符可以是 int、float、double 等数据类型。

（2）(数据类型定义符) 是一种单目运算符，称为类型转换运算符。

（3）表达式可以是任意一种合理的算术表达式。

例如：

```
(int)4.8          /* 将 4.8 强制转换为 int 型，表达式的值是 4*/
(float)5/2        /* 将 5 强制转换为 float 型，再与 2 进行除运算，表达式的值是 2.5*/
```

二、算术运算符和算术表达式

1. 算术运算符

算术运算符及其功能见表2-7。

表 2-7　算术运算符及其功能

运 算 符	功　能	应 用 举 例
+	加法运算符	x+y
-	减法运算符	x-y
*	乘法运算符	x*y
/	除法运算符	x/y
%	取模（求余）运算符	x%y
++	自增运算符	x++ 或 ++x
--	自减运算符	y-- 或 --y

说明：

（1）运算符“+”“-”“*”“/”的意义与数学中“+”“-”“×”“/”的意义相同。

（2）两个整数相除时的结果为整数，例如，5/2 的结果为 2，舍去小数部分。但如果相除的两个数有一个是实型数据，则结果将是实型数据，如 5.0/2=2.5。

（3）取模运算又称求余运算，要求参与运算的数据为整型，运算的结果为两个数相除后的余数。

2. 算术表达式

算术表达式是用算术运算符连接运算的数据而得到的式子。例如，3*4-5、12/4、2+9等。

算术表达式的正确书写形式：线性原则，即所有数字符号等均写在一条线上。2*a*应写为2*a，$\frac{x-y}{x+y}$不应写成x-y/x+y，而应写成(x-y)/(x+y)。一定要将平时书写的习惯与C语言中的表达形式区别开，否则容易出错。

3. 优先级及结合方向（结合性）

优先级是指在一个表达式中出现多个相同或不相同的运算符时优先进行哪种运算。C语言对所有的运算用数字的方式规定了各自的优先级，见附录C。数字在前的要高于数字在后的优先级。例如，表达式2＋5*6中有两个运算符“+”和“*”，从附录C可查知，优先级分别是4级和3

级，3级优先于4级，故先算“*”后算“+”。

结合方向指的是在表达式中同一优先级的运算符在进行运算时的运算顺序。有的是从左到右的运算顺序，简称左结合；有的是从右到左的运算顺序，简称右结合。例如，表达式2*3*4，根据“*”从左到右的结合方向，先算2*3，然后再用所得结果6去乘4。

4. 自增、自减运算符

自增运算符++：变量内容增1运算（i=i+1），如i++、++i。

自减运算符--：变量内容减1运算（i=i-1），如i--、--i。

说明：

（1）++ 和 -- 运算符只能用于变量，即只能对变量进行自增和自减运算，而不能对常量或表达式进行自增和自减运算。如 5++、(a+b)-- 等都是错误的。

（2）++ 和 -- 运算符在变量的左边与在变量的右边的运算过程是不同的。

i++、i--：是先使用，后自增（减）。

++i、--i：是先自增（减），后使用。

j=i++⇨j=i; i=i+1 j=i--⇨j=i; i=i-1;

j=++i⇨i=i+1,j=i j=--i⇨i=i-1;j=i;

（3）自增、自减运算符的结合方向是右结合。

（4）在 C 语言中遇到 i+++j 表达式时，理解为 (i++)+j。

三、赋值运算符和赋值表达式

1. 赋值运算符

赋值运算符及其含义见表2-8。

表 2-8 赋值运算符

赋值运算符	等 价 于	意 义
=	a=b	赋值号
+=	a+=b ⇨ a=a+b	加赋值
-=	a-=b ⇨ a=a-b	减赋值
*=	a*=b ⇨ a=a*b	乘赋值
/=	a/=b ⇨ a=a/b	除赋值
%=	a%=b ⇨ a=a%b	求余赋值

说明：

（1）赋值号“=”不是数学中的等号，而是赋值号。

（2）赋值运算符的左边必须是一个变量，不能是常量或表达式，而右边则任意。例如，a=b=c=1 是合法的，而 b+c=1 是非法的。

（3）当赋值号两边的数据类型不同时，系统自动进行类型转换。原则是：赋值号右边的数据类型转换成与符号左边的变量相同的数据类型。

（4）在赋值表达式后加上分号就成为赋值语句。注意表达式与语句的区别。

2. 优先级和结合方向（结合性）

赋值运算符的优先级低于算术运算符，而多个赋值运算符的优先级相同，并且运算是右结合。

四、逗号运算符和逗号表达式

逗号运算符是一个特殊的运算符，用它可以将两个表达式连接起来，实现特定的作用。

一般格式如下：

```
表达式 1，表达式 2，…，表达式 n
```

功能：先求解表达式1，再求表达式2，依次求出表达式的值，最后一个表达式的值是整个逗号表达式的值。

优先级：逗号运算符的优先级低于赋值运算符。

五、sizeof() 运算符

不同数据类型在内存中占有不同的字节数，如果在数据存储时忘记了它们所对应的字节数，使用sizeof()运算符可以列出各数据类型在内存中所占字节数。

一般格式如下：

```
sizeof(exp)
```

其中，exp可以是类型关键字、常量、变量和表达式。

功能：给出exp所占用的内存字节数。

实例：sizeof(int)、sizeof(3*4)等都是合法的。

六、运算符的优先级

本任务介绍的很多运算符，可以放在一起进行混合运算，但在运算时要遵循一个先后顺序。如果在同一个表达式中遇到多个运算符，则应先算优先级高的，再算优先级低的，对于同一优先级的运算，则应按其结合性进行运算。

大致归纳出各类运算符的优先级如下：

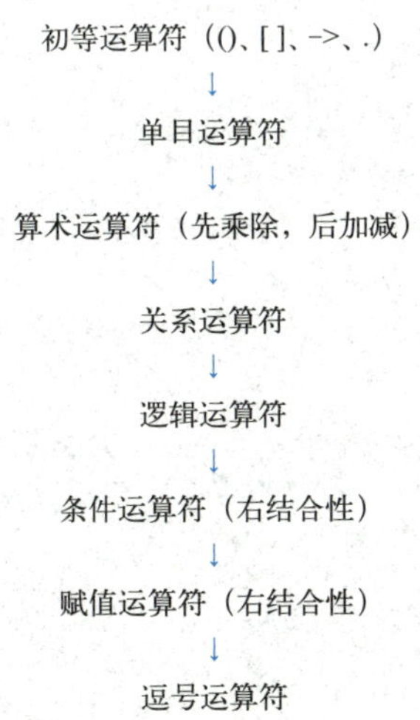

优先级由上往下递减，初等运算符优先级最高，逗号运算符优先级最低。

七、常用数学函数

为了方便初学者的使用，C语言提供了大量用于基本操作和计算的函数，用户只要会使用它们即可，无须过多考虑它的编写过程。

常用数学函数及其功能见表2-9。

表 2-9　常用数学函数及其功能

函数名	函数类型	参数类型	函数功能及说明
fabs(x)	double	double	计算 x 的绝对值
pow(x,y)	double	double	计算 x 的 y 次方
pow10(y)	double	double	计算 10 的 y 次方
sqrt(x)	double	double	计算 x 的平方根值，x ≥ 0
exp(x)	double	double	计算 e 的 x 次方，e=2.718 28…
fmod(x,y)	double	double	计算浮点数 x/y 的余数
floor(x)	double	double	计算不大于 x 的最大整数
ceil(x)	double	double	计算不小于 x 的最小整数
sin(x)	double	double	计算 x 的正弦值，x 的单位为弧度
cos(x)	double	double	计算 x 的余弦值，x 的单位为弧度
tan(x)	double	double	计算 x 的正切值，x 的单位为弧度
asin(x)	double	double	计算 x 的反正弦值 arcsin x，−1 ≤ x ≤ 1
acos(x)	double	double	计算 x 的反余弦值 arccos x，−1 ≤ x ≤ 1
atan(x)	double	double	计算 x 的反正切值 arctg x
log(x)	double	double	计算 x 的自然对数 ln x，x>0
log10(x)	double	double	计算 x 的以 10 为底的常用对数 lg x，x>0

知识应用

一、数据类型转换

1. 数据类型的混合运算

程序如下：

```
#include <stdio.h>
main()
{
   char a='A',b='B';
   int i=12,j,k;
   long m1=2147483147,m2;
   float f1=12.34,f2;
   double d1=23.45,d2;
   j=i+a;          /*i 为整型，a 为字符型，运算后为整型，赋给变量 j，结果为整型 */
   f2=f1-i-a;      /*f1 为单精度，i 为整型，a 为字符型，运算后为双精度，通过赋值符号自动 */
                   /* 转换为单精度后，赋给变量 f2，结果为单精度 */
   d2=d1-i-f1;     /*d1 为双精度，i 为整型，f1 为单精度，运算后为双精度型，赋给变量 d2*/
   m2=m1-b;        /*m1 为长整型，b 为字符型，运算后为长整型，赋给变量 m2*/
   k=f1+a-i;       /*f1 为单精度，a 为字符型，i 为整型，运算后为双精度，通过赋值符号自动 */
```

```
                /* 转换为整型，赋给变量 k*/
    printf("j=%d,f2=%f,d2=%f,m2=%ld,k=%d",j,f2,d2,m2,k);
}
```

运行结果：

```
j=77,f2=-64.660004,d2=-0.890000,m2=2147483081,k=65
```

2. 强制类型转换

程序如下：

```
#include <stdio.h>
main()
{
    int a,b;
    long c;
    a=20000;
    b=30000;
    c=(long)a+b;
    printf("a+b=%ld",c);
}
```

运行结果：

```
a+b=5000
```

说明：

"c=(long)a+b;"语句如果换成"c=a+b;"，能否得到需要的结果？通过比较，体会此例中强制类型转换运算符的作用。

二、算术运算符及表达式

1. 算术表达式的基本输出

程序如下：

```
#include <stdio.h>
main()
{
    int a, b;
    a=5;
    b=2;
    printf("a+b=%d\n",a+b);
    printf("a-b=%d\n",a-b);
    printf("a*b=%d\n",a*b);
    printf("a/b=%d\n",a/b);
    printf("a%%b=%d\n",a%b);                /* 思考此处为什么加两个 %% 表示 a%b*/
    printf("a++=%d,b--=%d\n",a++,b--);
    printf("++a=%d,--b=%d\n",++a,--b);
}
```

运行结果：

```
a+b=7
a-b=3
a*b=10
a/b=2
a%b=1
a++=5,b--=2
++a=7,--b=0
```

2. 自增、自减运算符在输出时的应用

程序如下：

```
#include <stdio.h>
main()
{
    int i=5;
    printf("%d,%d",i,i++);
}
```

运行结果：

```
6,5
```

说明：

本程序运行后，printf() 函数要输出两个表达式的值，即 i 和 i++。应先求出第二个表达式 i++ 的值 5（i 的值先使用，后自增为 6），然后求第一个表达式 i 的值，所以输出结果为“6, 5”。

三、赋值运算符

程序如下：

```
#include <stdio.h>
main()
{
    int a=4;
    a+=a-=a*a;
    printf("a=%d",a);
}
```

运行结果：

```
a=-24
```

说明：

语句“a+=a-=a*a;”中包括赋值运算符（+=、-=）和算术运算符（*）两种。应先计算 a*a，得出结果为 16，则原语句变为 a+=a-=16，而此表达式只有赋值运算符，而其结合方向是右结合。因此，首先运算 a-=16，a 的值为 a-16，结果是 -12（整个表达式的值也是 -12），然后运算 a+=-12，a 的值为 -12-12，因此会输出 -24。

四、sizeof ( ) 的运用

程序如下：

```
#include <stdio.h>
main()
{
    char c1;
    int a=2,b=4;
    float c=2.1,d=0.7;
    printf("char:%d\n",sizeof(c1));
    printf("int:%d\n",sizeof(a));
    printf("float:%d\n",sizeof(c));
    printf("double:%d\n",sizeof(c/d));
}
```

运行结果：

```
/*Turbo C 程序中的运行结果 */
char:1
int:2
float:4
double:8
```

运行结果：

```
/*VS 2022 中的运行结果 */
char:1
int:4
float:4
double:4
```

五、逗号运算符的运用

程序如下：

```
#include <stdio.h>
main()
{
    int a=3,b;
    printf("%d\n",(b=2*4,b*4,b+6));
    printf("%d\n",b=(2*3,b*4,a+6));
}
```

运行结果：

```
14
9
```

说明：

（1）在第一个 printf() 函数中，输出表达式为逗号表达式，其中表达式 1 是赋值表达式（赋值运算符优先于逗号运算符），其表达式的值是 8，b 的值也是 8。表达式 2 的值求得为 32，表达式 3 的值求得为 14，因此整个逗号表达式的值为 14。

（2）在第二个 printf() 函数中，输出的表达式为赋值表达式，因此要先计算括号中的逗号表达式，然后进行赋值运算，所以结果为 9。

六、函数的应用

1. sqrt() 函数的应用

程序如下：

```
#include <stdio.h>
#include <math.h>
main()
{
    float x,y;
    x=24.0;
    y=sqrt(x);
    printf("sqrt(%f)=%f\n",x,y);
}
```

运行结果：

```
sqrt(24.000000)=4.898979
```

2. 其他函数的应用

程序如下：

```
#include <stdio.h>
#include <math.h>
main()
{
    double x,y,z,m;
    x=25;
    m=log(x);
    y=pow(x,1/3.0);
    z=sin(x*3.14/180);
    printf("%f,%f,%f",m,y,z);
}
```

运行结果：

```
3.218876,2.924018,0.422418
```

任务实施

一、任务流程分解

（1）任务分析：海伦公式是利用三角形的三条边的边长直接求三角形面积的公式。相传这个公式最早是由古希腊数学家阿基米德得出的，而因为这个公式最早出现在海伦的著作《测地术》中，所以被称为海伦公式。中国宋代的数学家秦九韶在1247年独立提出了“三斜求积术”，虽然它与海伦公式形式上有所不同，但它完全与海伦公式等价，填补了中国数学史中的一个空白，从中可以看出中国古代已经具有很高的数学水平。通过本任务的实现，学会使用C语言中的数学函数来解决数学问题。

（2）变量定义分析：本任务定义5个实型变量，变量名为a（边长）、b（边长）、c（边长）、p（周长一半）和s（面积）。

视 频

科学计算

（3）利用赋值运算，将变量a、b、c分别赋值为6.0、8.0、10.0。

（4）利用算术运算p=(a+b+c)/2，求解变量p的值。

（5）利用sqrt()函数求解s的值。

通过printf()函数输出s的值，输出时保留两位小数。

二、代码实现

```
#include <stdio.h>
#include <math.h>
main()
{
   float a,b,c,p,s;
   a=6.0;b=8.0;c=10.0;
   p=(a+b+c)/2;
   s=sqrt(p*(p-a)*(p-b)*(p-c));
   printf("************************************\n");
   printf("**      此三角形面积为: %.2f    **\n",s);   /*输出时保留两位小数*/
   printf("************************************\n");
}
```

三、结果演示

程序结果演示如图2-8所示。

```
************************************
**      此三角形面积为：24.00     **
************************************
```

图 2-8　演示结果界面

小　　结

本章通过两个任务介绍C语言的数据类型、运算符、表达式、数学函数等基本知识。C语言常见的3种基本数据类型：整型、实型、字符型，并根据其值的变与不变将其分为常量和变量。算术运算符用于完成算术运算，赋值运算符在完成表达式运算的同时进行变量的赋值，逗号运算符是几个表达式的并列，而自增、自减运算符通常用于计数，数学函数可以方便地解决数学计算。使用运算符时，应特别注意不同运算符的优先级关系及对应的结合方向。表达式是将变量、常量、函数调用通过运算符进行有意义的组合而形成的。一个变量、常量或一个函数调用也可以看作表达式。大多数的表达式都有一个值。表达式和语句很容易混淆。简单地说，末尾有分号的是语句，末尾没有分号的操作数与运算符的有意义的组合称为表达式。C语言中的数据在进行计算处理时有时需要数据类型之间的转换，类型转换分为自动转换和强制转换。

练 习 题

初级题

一、选择题

1. 下面均不是C语言关键字的选项是（　　）。

   A. define　IF　Type　　B. getc　char　printf

   C. include　scanf　case　　D. while　go　pow

2. C语言中的标识符只能由字母、数字和下画线3种字符组成，且第一个字符（　　）。

   A. 必须为字母

   B. 必须为下画线

   C. 必须为字母或下画线

   D. 可以是字母、数字和下画线中任一种字符

3. 下列C语言关键字合法的是（　　）。

   A. VAR　　B. cher　　C. integer　　D. Default

4. 下列C语言用户标识符中合法的是（　　）。

   A. 3ab　　B. a+b　　C. xy　　D. char

5. 下列用户标识符合法的是（　　）。

   A. Long　　B. day　　C. 4asde　　D. num-1

二、填空题

1. 字符型常量的标志是________。
2. 字符串常量的标志是________。
3. 标识符由________、________、________组成。
4. '0'在计算机中是________。
5. "0"在计算机中是________。

三、程序题

1. 编写并运行程序，打印出“欢迎来到C语言世界！”。

2. 编写程序，输出下列菜单内容：

    文件菜单：

    新建

    保存

    另存为

    退出

中级题

一、选择题

1. 若有代数式3ae/bc，则不正确的C语言表达式是（　　）。

    A. a/b/c*e*3　　B. 3*a*e/b/c

    C. 3*a*e/b*c　　D. a*e/c/b*3

2. 以下程序的执行结果是（　　）。

```
#include <stdio.h>
main( )
{   int a=2,b=5;
    printf("%d\n", a+b);
}
```

    A. 2　　B. 5　　C. 7　　D. %d

3. 下列用户标识符均不合法的是（　　）。

    A. A　P_0　do　　B. float　la0　_A

    C. b-a　goto　int　　D. _123　temp　int

4. 下列字符串常量不正确的是（　　）

    A. 'abc'　　B. "1212"　　C. "0"　　D. " "

5. C语言中要求运算量必须是整型的运算符是（　　）。

    A. +　　B. *　　C. /　　D. %

二、填空题

1. 若b是int型变量，则表达式“b=25/3%3”的值为_____。
2. 若s是int型变量，且s=6，则表达式“s%2+(s+1)%2”的值为_____。
3. 请写出数学式a/bc的C语言表达式_____。

三、程序题

1. 编写程序，要求输入一个数，输出它的绝对值。
2. 编写程序，要求输入一个正数，输出它的平方根。
3. 编写程序，要求输入两个正整数x和y，输出x的y次方的值。

高级题

一、选择题

1. 执行下列语句的结果是（　　）。

```
i=3;
printf("%d,",++i);
printf("%d",i++);
```

A. 3,3　　B. 3,4　　C. 4,3　　D. 4,4

2. 已知x=3，y=2，则表达式x*=y+8的值为（　　）。

A. 3　　B. 2　　C. 30　　D. 14

3. 表示“在使用x之前，先使x的值加1”的正确方式是（　　）。

A. ++x　　B. x++　　C. +x　　D. +x+

4. 设x和y均为int型变量，则执行以下语句后的输出是（　　）。

```
x=15;
y=5;
printf("%d",x%=(y%=3));
```

A. 0　　B. 3　　C. 6　　D. 1

5. 设x和y均为int型变量，则执行以下语句后的输出是（　　）。

```
x=15;
y=8;
printf("%d",x%=(y/=3));
```

A. 0　　B. 3　　C. 6　　D. 1

二、填空题

1. 若x和n均是int型变量，且n的初值为5，则计算表达式x=n++后x的值为________。

2. 若x和n均是int型变量，且n的初值为5，则计算表达式x=++n后x的值为________。

3. 已知x=12，y=4，则表达式y*=x-6的值为________。

三、程序题

1. 编写程序，求解表达式(float)(a+b)/2+(int)x%(int)y的值，设a=2，b=3，x=3.5，y=2.5。

2. 编写程序，求出对应于摄氏温度37 ℃的华氏温度（注：华氏温度（F）与摄氏温度（C）转换公式为C=(5/9)(F-32)）。

3. 编写程序，求解以5.0、5.0、6.0为边长的三角形面积。

第 3 章　顺序结构程序设计

程序设计是为了完成某一项任务而编写的指令的集合，它是人与计算机进行信息交流的工具。无论多么复杂的程序都可以分解为顺序、选择、循环这3种结构，而顺序结构是3种结构中最基本、最简单的结构，它按照语句的先后顺序依次执行。

本章通过两个任务介绍编写简单程序所应掌握的程序设计基础、结构化程序设计的方法、字符输入/输出函数的使用、格式输入/输出函数的使用，以及顺序结构程序设计。

任务4　简 单 加 密

任务描述

本任务设计完成一个简单密码加密软件。程序运行后，按照提示输入8位字母密码，然后进行简单加密操作，并输出加密后的密码。加密方法：采用从键盘输入字母后的第2个字母替代原字母实现加密，例如，输入a，则加密后变为c。

知识准备

一、结构化程序设计基础

1. 程序构成

一个程序应包括以下两方面内容：

（1）对数据的描述。在程序中要指定数据的类型和数据的组织形式，即数据结构（Data Structure）。

（2）对操作的描述。即操作步骤，也就是算法（Algorithm）。

数据是操作的对象，操作的目的是对数据进行加工处理，以得到期望的结果。作为程序设计人员，必须认真考虑和设计数据结构和操作步骤（即算法）。因此，著名计算机科学家沃思（Nikiklaus Wirth）提出一个公式：数据结构+算法=程序。

实际上，一个程序除了以上两个主要要素外，还应当采用结构化程序设计方法进行程序设计，并用某一种计算机语言表示。因此，可以这样表示：

程序=算法+数据结构+程序设计方法+语言工具和环境

2. 算法

做任何事情都有一定的步骤。在日常生活中，由于人们已养成习惯，所以并没有意识到每件事都需要事先设计出“行动步骤”，如吃饭、上学、打球、做作业等，事实上，这些活动都是按照一定的规律进行的，只是人们不必每次都重复考虑它。

不要认为只有“计算”的问题才有算法。广义地说，为解决一个问题而采取的方法和步骤统称为“算法”。一首歌曲的乐谱，也可称为该歌曲的算法，因为它指定了演奏该歌曲的每个步骤，按照它的规定才能演奏出预定的曲子。

下面举一个简单算法的例子：求1×2×3×4×5的结果。

可以用最原始的方法进行求解：

步骤1：先求1×2，得到结果2。

步骤2：将步骤1得到的乘积2乘以3，得到结果6。

步骤3：将步骤2得到的结果6乘以4，得到结果24。

步骤4：将步骤3得到的结果24乘以5，得到结果120。这就是最后的结果。

这样的算法虽然是正确的，但太烦琐。如果要求1×2×3×…×1 000，则要写999个步骤，这显然是不可取的。而且每次都直接使用上一步骤的数值结果（2，6，24，…），也不方便。应当找到一种方便可行的表示方法。

可以设两个变量，一个变量代表被乘数，一个变量代表乘数。不另设变量存放乘积结果，直接将每一步骤的乘积放在被乘数变量中。这里设p为被乘数、i为乘数。用循环算法来求解，可以将算法改写成：

步骤1：使p=1。

步骤2：使i=2。

步骤3：使p×i，乘积仍放在变量p中，可表示为p×i=p。

步骤4：使i的值加1，即i+1=i。

步骤5：如果i不大于5，返回重新执行步骤3以及其后的步骤4和步骤5；否则，算法结束。最后得到p的值就是5!的值。

显然这个算法比前面的算法要简练得多。

如果题目改为求1×3×5×7×9×11，算法只需做很少的改动即可：

步骤1：p=1

步骤2：i=3

步骤3：p=p×i

步骤4：i=i+2

步骤5：若i≤11，返回步骤；否则，结束。

可以看出，这种算法具有通用性和灵活性。步骤3～步骤5组成一个循环，在实现算法时，要反复多次执行步骤3～步骤5，直到某一刻，执行步骤5时经过判断，乘数i已超过规定的数值而返回步骤3为止。此时算法结束，变量p的值就是所求结果。

一个算法应具有以下特点：

（1）有穷性。一个算法应包含有限的操作步骤，而不能是无限的。“有穷性”往往指“在合理的范围之内”。如果让计算机执行一个历时1 000年才结束的算法，这虽然是有穷的，但超过了合理的限度，人们也不把它视作有效算法。合理限度并无严格标准，根据实际需要而定。

（2）确定性。算法中的每个步骤应当是确定的，而不是含糊的，不清楚的，不应该出现歧义性的含义。

（3）有零个或多个输入。所谓输入，是指在执行算法时需要从外界取得必要的信息。可以有两个或多个输入，也可以没有输入。

（4）有一个或多个输出。算法的目的是求解，“解”就是输出。但算法的输出不一定就是计算机的打印输出，一个算法得到的结果就是算法的输出。没有输出的算法是没有意义的。

（5）有效性。算法中的每一个步骤都应当能有效地执行，并得到确定的结果。例如，若b=0，则a/b是不能被有效执行的。

对于那些不熟悉计算机程序设计的人来说，他们可以只使用别人已设计好的算法，只需根据算法的需求给以必要的输入，就能得到输出结果。对他们来说，算法如同一个“黑匣子”，可以不了解其中的结构，只是从外部特性上了解算法的作用，即可方便地使用算法。

3. 用流程图表示算法

流程图是用一些图框来表示各种操作。用图形表示算法，直观形象，易于理解。美国国家标准化协会ANSI规定了一些常用的流程图符号（见表3-1），已被世界各国程序工作者普遍使用。

表 3-1　流程图符号

符　号	名　称	说　明
（圆角矩形）	起止框	表示算法的开始和结束
（平行四边形）	输入 / 输出框	表示完成某种操作，如初始化
（菱形）	判断框	表示根据条件成立与否，决定执行哪种操作
（矩形）	处理框	表示数据的输入 / 输出操作
→ ↓	流程线	表示程序执行的流向
○	连接点	用于流程分支的连接

说明：

一个流程图应该包括以下几个部分：

（1）表示相应操作的框。

（2）带箭头的流程线。

（3）框内外必要的文字说明。

4. 结构化程序设计方法

一个结构化的程序就是用高级语言表示的结构化算法。这种程序便于编写、阅读、修改和维护，可以减少程序出错的机会，提高程序的可靠性，保证程序的质量。

结构化程序设计强调程序设计风格和程序结构的规范化，提倡清晰的结构。如何才能得到一个结构化的程序呢？如果我们面临一个复杂的问题，是难以快速写出一个层次分明、结构清晰、算法正确的程序的。结构化程序设计方法的基本思路是，把一个复杂问题的求解过程分阶段进行，每个阶段处理的问题都控制在人们容易理解和处理的范围内。

具体来说，应采取以下方法保证得到结构化的程序：自顶向下；逐步细化；模块化设计；结构化编码。

在接受一个任务后应怎样着手进行呢？有两种不同的方法：一种是“自顶而下，逐步细化”。以写文章为例，有的人胸有全局，先设想整个文章分成哪几个部分，然后再进一步考虑每一部分分成哪几节，每一节分成哪几段，每一段应包含什么内容。用这种方法逐步分解，直到可以直接将各小段表达为文字语句为止。

另有些人写文章时不拟提纲，如同写信一样提起笔就写，想到哪里就写到哪里，直到他认为把想写的都写出来为止。这种方法称为“自下而上，逐步积累”。

显然，第一种方法考虑周全、结构清晰、层次分明，作者容易写、读者容易看。如果发现某一部分有一段内容不妥，需要修改，只需找出该部分，修改有关段落即可，与其他部分无关。我们提倡用这种方法设计程序。这就是用工程的方法设计程序。

设计房屋就是“用自顶向下，逐步细化”的方法。先进行整体规划，然后确定建筑方案，再进行各部分的设计，最后进行细节的设计，有了图纸之后，在施工阶段则是自下而上进行实施，用一砖一瓦先实现一个局部，然后由各部分组成一个建筑物。

我们应当掌握“自顶而下，逐步细化”的设计方法。这种设计方法的过程是将问题求解由抽象逐步具体化的过程，用这种方法便于验证算法的正确性，在向下一层展开之前应仔细检查本层设计是否正确。由于每一层向下细化时都不太复杂，因此容易保证整个算法的正确性。检查时也是由上而下逐层检查，思路清楚、有条不紊地逐步进行，既严谨又方便。

二、字符输入、输出函数

1. 字符输出函数

标准字符输出函数putchar()的一般形式：

```
putchar(ch)
```

putchar()函数的作用是向终端输出一个字符。

参数ch通常为字符型变量、整型常量、字符本身，也可以输出控制字符，如putchar('\n') 输出一个换行符，其函数类型是整型。

putchar()是标准I/O库中的函数，在使用时应在程序前加上预编译命令“#include <stdio.h>”。

2. 字符输入函数

getchar()函数没有参数，其一般调用形式为：

```
getchar()
```

getchar()函数的作用是从终端上输入一个字符，返回值为一个整型数，即被输入字符的ASCII码值。

getchar()与putchar()一样，是标准I/O库中的函数，在使用时应在程序前加上预编译命令#include <stdio.h>。

getchar()函数只能接收一个字符，该函数得到的字符可以赋给一个字符型变量或整型变量，也可作为表达式的一部分不赋给任何变量。一般先定义一个字符类型的变量，然后再引用getchar()函数，并将函数值赋给这个字符型变量。

getchar()与后面学到的循环结构配合使用，可以连续输入任何字符，而且输入的多个字符都能被接收。原因是输入的多个字符以行为单位进行处理，即输入的字符先放入内存缓冲区中，待需要时再逐个取出。

知识应用

一、字符输出函数

使用 putchar() 函数输出

程序如下：

```
#include <stdio.h>
main()
{
    char a,b,c,d;
    a='g';b='o';c='o';d='d';
    putchar(a);
    putchar('\n');
    putchar(b);
    putchar('\n');
    putchar(c);
    putchar('\n');
    putchar(d);
    putchar('\n');
}
```

运行结果：

```
g
o
o
d
```

说明：

用 8 个 putchar() 函数输出字符，其中有 4 条语句用于输出控制字符 putchar('\n')，即换行，因此 good 一词纵向排列。

二、字符输入函数

使用 getchar() 函数接收任意字符并输出

程序如下：

```
#include <stdio.h>
main()
{
    char c;                /*定义字符型变量c*/
    c=getchar();           /*接收一个字符赋值给变量c*/
    putchar(c);            /*输出字符型变量c*/
}
```

若输入：

```
k ↙
```

则运行结果：

```
k
```

若输入：

```
F ↙
```

则运行结果：

```
F
```

说明：

本程序中用 getchar() 接收任意一个字符，用 putchar() 将其输出。

任务实施

一、任务流程分解

（1）任务分析：如今网络已经覆盖了人们生活的方方面面，工作学习娱乐都离不开它，网络安全尤为重要。《中华人民共和国网络安全法》已由中华人民共和国第十二届全国人民代表大会常务委员会第二十四次会议于2016年11月7日通过，自2017年6月1日起施行。它的颁布施行，对于落实总体国家安全观，维护国家网络空间主权、安全、发展利益具有十分重要的意义，与人们的生活息息相关。通过本案例的实现，可学会输入/输出字符函数的使用方法，了解简单的加密功能的实现方法。

（2）变量定义分析：本任务共定义8个字符变量，分别为ch1、ch2、ch3、ch4、ch5、ch6、ch7、ch8，分别对应8位字母密码。

（3）变量赋值分析：ch1、ch2、ch3、ch4、ch5、ch6、ch7、ch8都用getchar()函数赋值。录入的8个字母就是原密码，要求字符只能是A~X或者a~x 。

（4）加密过程分析：通过getchar()函数给8个变量赋值后，把每个变量的ASCII码值加2，以便完成加密。

（5）密文输出分析：加密后的8位密码用8个putchar()函数在同一行上输出。

二、代码实现

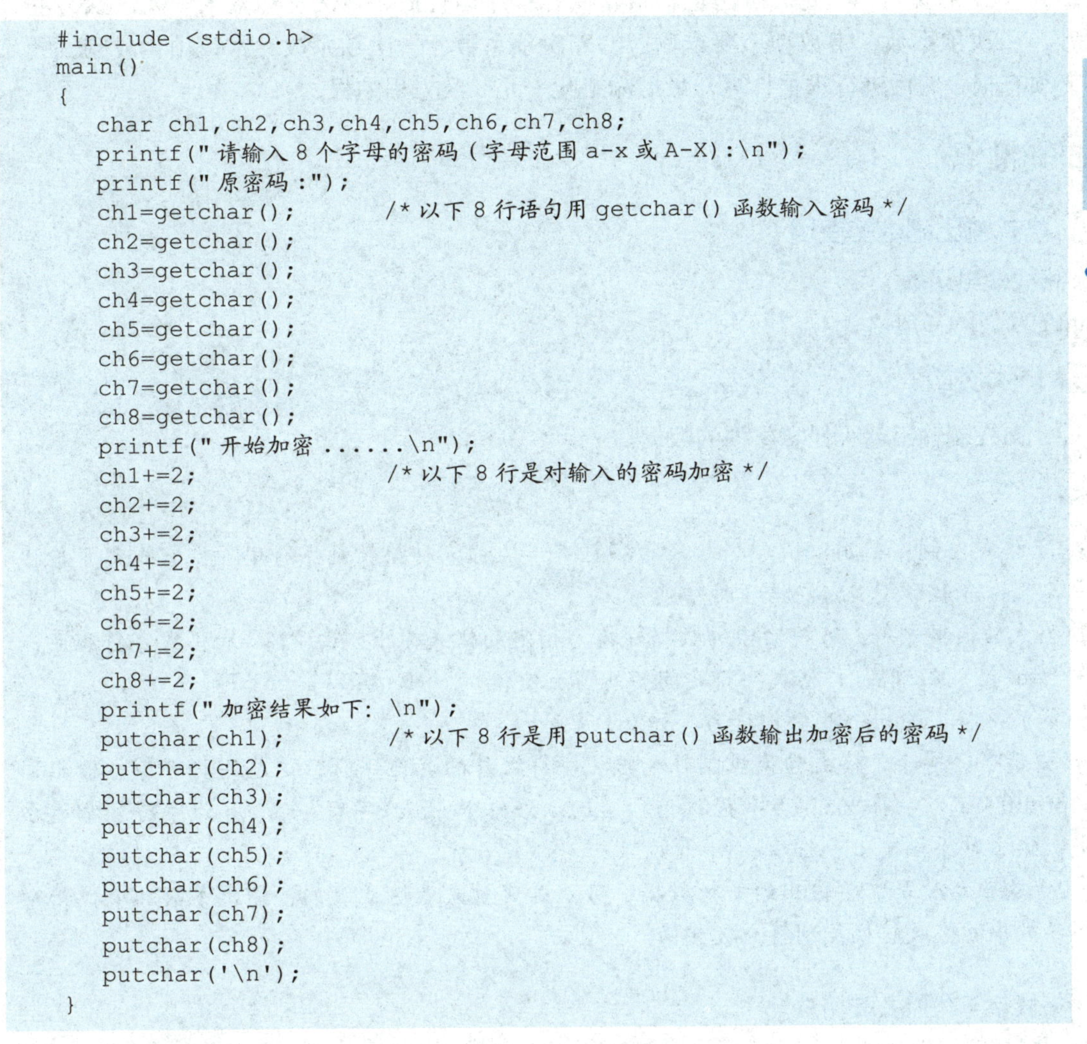

```
#include <stdio.h>
main()
{
   char ch1,ch2,ch3,ch4,ch5,ch6,ch7,ch8;
   printf("请输入 8 个字母的密码(字母范围 a-x 或 A-X):\n");
   printf("原密码:");
   ch1=getchar();          /*以下 8 行语句用 getchar() 函数输入密码*/
   ch2=getchar();
   ch3=getchar();
   ch4=getchar();
   ch5=getchar();
   ch6=getchar();
   ch7=getchar();
   ch8=getchar();
   printf("开始加密......\n");
   ch1+=2;                 /*以下 8 行是对输入的密码加密*/
   ch2+=2;
   ch3+=2;
   ch4+=2;
   ch5+=2;
   ch6+=2;
   ch7+=2;
   ch8+=2;
   printf("加密结果如下:\n");
   putchar(ch1);           /*以下 8 行是用 putchar() 函数输出加密后的密码*/
   putchar(ch2);
   putchar(ch3);
   putchar(ch4);
   putchar(ch5);
   putchar(ch6);
   putchar(ch7);
   putchar(ch8);
   putchar('\n');
}
```

视频

简单加密

三、结果演示

如果原密码输入“ABCDabcd”，则加密密码为“CDEFcdef”，程序结果演示如图3-1所示。

```
请输入8个字母的密码(字母范围a-x或A-X):
原密码:ABCDabcd
开始加密......
加密结果如下:
CDEFcdef
```

图 3-1　演示结果界面

任务5　数学公式

任务描述

本任务设计完成一个一元二次方程求根软件。程序运行后，按照提示输入一元二次方程二次项系数、一次项系数、常数项，要求输入的二次项系数、一次项系数、常数项构成的一元二次方程必须有根，然后进行求根计算，最后输出此一元二次方程的根。

知识准备

一、格式输出函数的使用

1. 格式输出函数

printf()函数的一般格式：

```
printf(格式控制，输出表列)
```

功能：向终端输出若干任意类型的数据。

说明：

（1）格式控制：是用双引号括起来的字符串，又称“转换控制字符串”，它规定了输出表列中各项的输出形式。它包括3种信息：

① 格式转换控制符：可将输出的数据转换为指定的格式输出。由“%”和格式字符组成，如%d、%c等，但“%”与格式字符之间不能留有空格。

② 转义字符：输出一些操作行为，如\n、\t等。

③ 提示串：是除了格式转换控制符和转义字符之外的其他字符，这些字符可原样输出。例如，printf(“a为字符%c,b为字符%c\n”,a,b);语句中“a为字符”和“b为字符”都属于提示串，输出时原样输出。

（2）输出参数是需要输出的一批数据，可以是变量或表达式表列，输出参数的个数必须与控制参数中的格式转换控制符个数相同。

2. 格式字符功能及其用法

（1）d格式符，以十进制数形式输出整数。有以下几种用法：

① %d，按整型数据的实际长度输出。例如：

```
printf("%d,%d",a,b);
```

若a=123，d=12345，则输出结果如下：

```
123,12345
```

② %md，m为指定的输出字符的宽度。如果输出数据的实际位数小于m，则左端补空格，若大于m，则按实际位数输出。例如：

```
printf("%4d,%4d",a,b);
```

若a=123，d=12345，则输出结果如下：

```
␣123,12345
```

③ %ld，用于输出长整型数据。例如：

```
long a=135790;
printf("%ld",a);
```

这里如果用%d输出，就会发生错误，对long型数据应用%ld格式输出。对长整型数据也可以指定字段宽度，如将上面printf()函数中的“%ld”改为“%8ld”，则输出结果如下：

```
␣␣135790
  8 列
```

int型数据可以用%d或%ld格式输出。

（2）o格式符，以八进制数形式输出整数。由于是将内存单元中各位的值（0或1）按八进制形式输出，即符号位也作为八进制的一部分输出，因此不会输出带负号的形式。长整型数据也可以用"%lo"格式输出。"%mo"表示按指定宽度输出八进制整数。

（3）x格式符，以无符号十六进制数形式输出整数。%lx输出长整型数，%mlx输出指定宽度的十六进制整数。

（4）u 格式符，用于输出unsigned型数据，以无符号十进制形式输出。

一个有符号整数可以用%u格式输出，相反，unsigned型数据也可以用%d、%o、%x格式输出。按相互赋值的规则处理，即将非unsigned型数据赋给长度相同的unsigned型变量，原则是原样照赋（原有的符号位也作为数据的一部分一起传送）；将一个unsigned类型数据赋给一个占字节数相同的整型变量，将unsigned型变量的内容原样送到非unsigned型变量中，但如果数据范围超过相应整型的范围，则会进行相应的转化。

（5）c格式符，用于输出一个字符。在C语言中，字符型数据和整型数据之间可以通用。对于整数，只要它的值在0～255范围内，也可以用字符形式输出；同样，一个字符数据也可以转成相应的整型数据，即以ASCII码值输出。用%mc输出指定宽度的字符型数据。若指定的宽度大于实际宽度，则左端补空格。

（6）s格式符，用于输出一个字符串。%s按实际长度输出字符串。%ms输出指定宽度为m的字符串，若实际字符串长度小于m，则左端补足空格；若实际字符串长度大于m，则按实际字符串长度输出该字符串。也可用%-ms，当实际字符串长度小于m时，字符串左对齐，右端补相应的空格。%m.ns输出指定宽度为m的、从字符串左端取出的n个字符（n代表一个正整数）。若n小于m则左补足空格，若n大于m则以n为主，输出n个字符。%-m.ns同%m.ns类似，不同的是，当n小于m时右端补足空格。%.n只指定了n未指定m，此时自动使m等于n，即输出占n列，只取字符串左端的n个字符。

（7）f格式符，用于输出实型数据，以小数形式输出单精度和双精度型数据。%f按系统规定的格式输出，即整数部分全部输出，小数部分取6位。不要以为所有打印出来的数字都是准确的，在一般系统下，单精度实数的有效位数为7位，双精度实数的有效位数为15位（不同的系统在实现格式输出时，输出结果可能会有一些小的差别）。%m.nf输出指定宽度为m列保留n位小数的实数，在m列中，小数点也占一位宽度。若输出数据实际长度小于m，则左端补空格，数字右对齐。%-m.nf与%m.nf类似，不同的是，若输出数据实际长度小于m，则右端补空格，数字左对齐（当格式符为%0m.n时，所空的格以0填充）；若实际长度大于m，则按实际长度输出，并保留n位小数。%.nf也是按实际长度输出，并保留n位小数。

（8）e格式符，以指数形式输出实数。%e按系统规定输出指数形式的实数，系统规定：指数部分占5位（如e+003或e-003），小数点占一位，小数点前只有一个非零数字，小数点后占6位，共计占宽度13位。例如：

```
1.234567 e+003
8 列      5 列
```

不同的系统在实现格式输出时，输出结果可能会有一些小的差别。%me是输出指定宽度为m的实数，保留6位小数，若实际宽度大于m，则按实际长度输出。%m.ne输出指定宽度为m，保留n位小数的实数，若实际宽度小于m，则左端补空格，数字右对齐（若为%-m.ne则右端补空格，数字左对齐）；若实际长度大于m，则按实际长度输出且保留n位小数。%.ne省略了m则按实际长度输出，且保留n位小数。

（9）g 格式符，用于输出实数。它根据输出时数据所占宽度的大小，自动选择f格式或e格式中较小的一种，且不输出无意义的0。

以上介绍了9种格式符，归纳后见表3-2。

表 3-2　printf 格式字符

格式字符	说　明
d	以带符号的十进制形式输出整数（正数不输出符号）
o	以八进制无符号形式输出整数（不输出前导 0）
x	以十六进制无符号形式输出整数（不输出前导 0x）
u	以无符号十进制形式输出整数
c	以字符形式输出，只输出一个字符
s	输出字符串
f	以小数形式输出单、双精度数，隐含输出 6 位小数
e	以指数形式输出实数
g	选用 f% 或 e% 格式中输出宽度较短的一种格式，不输出无意义的 0

printf格式说明中，可以在%和上述格式字符间插入以下几种附加符号（修饰符）。附加格式说明字符见表3-3。

表 3-3　printf() 函数的附加格式说明字符

字　符	说　明
l	用于长整型整数，可加在格式符 d、o、x、u 前面
m（整数）	数据最小宽度
n（整数）	对实数，表示输出 n 位小数；对字符串，表示截取的字符个数
-	输出的数字或字符在域内向左靠

二、格式输入函数的使用

1. 格式输入函数 scanf()

scanf()函数的一般格式如下：

```
scanf(控制参数,地址表列)
```

功能：用来输入任何类型的多个数据。

说明：

（1）“控制参数”的含义与 printf() 函数中“控制参数”的含义相同。

（2）在给多个输入项输入数据时，在控制参数中，若 % 格式字符与 % 格式字符之间没有其他字符，输入数据时，两个数据之间可以用一个或多个空格间隔，也可以用回车符、Tab 符间隔（%c 输入格式除外）。例如：

```
scanf("%d%d",&a,&b);
```

以下 3 种输入方法均是合法的：

① 10 ˽˽20↙

② 10↙

20↙

③ 10（按【Tab】键）20↙

（3）格式转换控制符之间有非格式字符，则把非格式字符当成普通字符，原样输入，当该字符是一个空格时，输入一个或多个空格均合法。例如：

```
scanf("i=%d,a=%d",&i,&a);
```

若输入“i=45,a=67”是合法的，若输入“45˽67”则是不合法的。

（4）地址表列是由若干个地址组成的表列，可以是变量的地址或字符串的首地址。例如，scanf(“%d%d”,&a,&b) 中 &a 和 &b 就是变量在内存中的地址。& 是地址运算符。初学者在使用该语句时，经常丢掉地址运算符 &，应特别注意。

2. 格式字符的用法

（1）d格式符，用于输入十进制整数。

（2）o格式符，用于输入八进制整数。

（3）x格式符，用于输入十六进制整数。

（4）c格式符，用于输入单个字符。在用%c格式输入字符时，空格字符和转义字符都作为有效字符输入。

（5）s格式符，用于输出字符串。

（6）f格式符，用于输入实数，可以用小数形式或指数形式输入。

（7）e格式符，与f格式符的作用相同，均可用来输入实型数据，输入时既可用小数形式也可用指数形式输入，e与f可以互相替换。

知识应用

一、格式输出函数的应用

1. d 格式符的应用

程序如下：

```
#include <stdio.h>
main()
{
    int a,b;
    long c,d;
    a=32767;
    b=1;
    c=2147483647;
    d=1;
    printf("%d,%d\n",a,b);
    printf("%3d,%3d\n",a,b);
    printf("%ld,%ld\n",c,d);
    printf("%10ld,%10ld\n",c,d);
}
```

运行结果：

```
32767,1
32767,␣␣1
2147483647,1
2147483647,␣␣␣␣␣␣␣␣␣1
```

说明：

定义 4 个变量并分别进行赋初值。采用了 d 格式符的 %d、%3d、%ld 和 %10ld 进行输出。其中，%d 是采用按整型数据的实际长度输出；%3d 输出 a 时，列宽不够，按实际长度输出；%ld 用于输出长整型数据，也可限定列宽。

2. o 格式符的应用

程序如下：

```
#include <stdio.h>
main()
{
    int a=-1;
    long b=2;
    printf("%d,%o\n",a,a);
    printf("%10o,%lo\n",a,b);
}
```

根据二进制与八进制的转换规则，运行结果如下：

```
-1,177777                                  /*Turbo C 程序中的运行结果 */
␣␣␣␣177777,2
```

```
-1,37777777777                    /*VS 2022 中的运行结果*/
37777777777,2
```

说明：

-1 在内存单元中的存储形式如下（以补码形式存放）。

1 0 00 00 00 00 00 00 01	（原码）
1 1 11 11 11 11 11 11 10	（反码）
1 1 11 11 11 11 11 11 11	（补码）

3. x 格式符的应用

程序如下：

```
#include <stdio.h>
main()
{
   int a=-1; long b=-2;
   printf("%6x,%6o,%6d\n",a,a,a);
   printf("%lx\n",b);
   printf("%8x",a);
}
```

运行结果：

```
ffffffff,37777777777
fffffffe
ffffffff
```

说明：

本程序应考虑长整型数据长度为 4 字节。

4. u 格式符的应用

程序如下：

```
#include <stdio.h>
main()
{
   unsigned int a=65535;                    /*定义无符号整型变量并赋初值*/
   int b=-2;                                /*定义整型变量并赋初值*/
   printf("a=%d,%o,%x,%u\n",a,a,a,a);       /*以四种格式控制符输出变量 a*/
   printf("b=%d,%o,%x,%u\n",b,b,b,b);       /*输出变量 b*/
}
```

运行结果：

```
a=65535,177777,ffff,65535
b=-2,37777777776,fffffffe,4294967294
```

说明：

无符号整型变量a的值为65 535，如果以%u进行输出，则为65 535；如果以%d进行输出时，结果为 -1。因为 -1 在内存中的存储形式是 16 个 1，这 16 个 1 所对应的无符号整型数恰好是 65 535，符号位也作为数值的一部分。同理，无符号整型 65 534 恰好是十进制的 -2。

5. c 格式符的应用

程序如下：

```
#include <stdio.h>
main()
{
    char c='A';                    /* 定义字符型变量并赋初值 */
    int i=65;                      /* 定义整型变量并赋初值 */
    printf("%c,%d\n",c,c);         /* 以两种格式控制符输出变量 c*/
    printf("%c,%d\n",i,i);         /* 以两种格式控制符输出变量 i*/
}
```

运行结果：

```
A,65
A,65
```

说明：

整型变量 i 的值为 65，在 0 ~ 255 之内，以 %c 的形式输出，是输出 65 所对应的字符 A，字符型变量以 %c 格式输出，是输出字符数据的 ASCII 码值。

6. s 格式符的应用

程序如下：

```
#include <stdio.h>
main()
{
   printf("%3s,%7.2s,%.4s,%-5.3s\n","print","print","print","print");
}
```

运行结果：

```
print,␣␣␣␣␣pr,prin,pri␣␣
```

说明：

%3s 中指定列宽不够，则原样输出；%7.2s 指定列宽为 7 列，只取字符左端 2 个字符 pr，左端补 5 个空格；%.4s 相当于 %4.4s，即列宽为 4 列，取字符串左端 4 个字符；%-5.3s 与 %7.2s 类似，但右补空格。

7. f 格式符的应用

程序如下：

```
#include <stdio.h>
main()
{
   float f=123.456;
   printf("%f␣␣%10f␣␣%10.2f␣␣%.2f␣␣%-10.2f\n",f,f,f,f,f);
}
```

运行结果：

```
123.456001VV123.456001VV␣␣␣␣123.46VV123.46VV123.46
```

说明：

%f以小数形式输出实数，小数点后带6位小数，小数点本身占一位；%10f指定列宽为10列，123.456 再加上三位小数恰巧占列宽为 10；%10.2f 指定列宽为 10 列，但要取小数点后两位，加上小数和整数部分，一共是 6 列，因此左端补 4 个空格；%.2f 相当于 %2.2f 即 m=n 情况，指定输出共占 2 列，但要取小数点后两位，加上小数点和整数部分，共 6 列，因此这 6 列冲破 2 列的限定，原样输出；%-10.2f 与 %10.2f 类似，在右端补 4 个空格。

8. e 格式符的应用

程序如下：

```
#include <stdio.h>
main()
{
   float x=654.321;
   printf("%e,%10e,%10.2e,%-10.2e",x,x,x,x);
}
```

运行结果：

```
6.543210e+002,6.543210e+002,␣6.54e+002,6.54e+002␣
```

说明：

本程序 %e、%10e、%10.2e、%-10.2e 中的数字和小数点的含义与上面 f 格式符的应用相同，不同的是格式符，e 格式符以指数形式输出实数。

9. g 格式符的应用

程序如下：

```
#include <stdio.h>
main()
{
    float x=654.321;                     /* 定义实型变量并赋初值 */
    printf("%f,%e,%g",x,x,x);            /* 以三种格式控制符输出变量 */
}
```

运行结果：

```
654.320984,6.543210e+002,654.321
```

说明：

本程序中同一个实型数据分别采用 3 种格式输出，用 %f 输出数据时共占 10 列，用 %e 输出数据时共占 13 列，%g 输出时选取前两者所占列宽少的，并不输出无意义的 0。

二、格式输入函数的应用

1. 输入两个十进制整数，求其和并输出

程序如下：

```
#include <stdio.h>
main()
{
   int a,b;                        /* 定义两个整型变量 a 和 b*/
   scanf("%d,%d",&a,&b);           /* 从键盘读入两个整型数据 */
   printf("a+b=%d",a+b);           /* 输出二者的和 */
}
```

输入：

```
15,30↙
```

运行结果：

```
a+b=45
```

说明：

输入格式中两个 %d 之间有逗号间隔，因此在输入两个数据时，中间也必须输入一个逗号作为间隔，否则接收数据时会出错。

2. 输入两个八进制数，求其积并用八进制显示

程序如下：

```
#include <stdio.h>
main()
{
   int a,b;
   scanf("%o␣␣%o",&a,&b);
   printf("%o*%o=%o\n",a,b,a*b);
}
```

输入：

```
10␣␣16↙
```

运行结果：

```
10*16=160
```

说明：

本程序输入函数中两个 %o 之间用两个空格间隔，则输入数据采用 10␣␣16↙ 这种形式，若输入时两数据之间用逗号等其他字符，则接收数据时会出错。还应注意的是，输入函数中使用的是 %o 格式符，因此输入的 10 和 16 是八进制的，而不是十进制的。

3. 输入一个十六进制数，并分别用十六进制和十进制显示

程序如下：

```
#include <stdio.h>
main()
{
    int a;
    scanf("%x",&a);                  /* 输入数据 */
    printf("%x\n%d",a,a);            /* 以十六进制和十进制形式输出变量 */
}
```

输入：

```
abc↙
```

运行结果：

```
abc
2748
```

说明：

本程序用 x 格式符输入数据给整型变量 a，在输出时采用 x 和 d 两种格式分别输出，由于输入时用 x 格式符，因此数据 abc 以 x 格式符输出时无变化，但以 d 格式符输出时就进行相应的转换，即将十六进制的 abc 转换为十进制的 2 748。

4. 输入 4 个字符，并将其输出

程序如下：

```
#include <stdio.h>
main()
{
   char a,b,c,d;                     /* 定义 4 个字符型变量 */
   scanf("%c%c%c%c",&a,&b,&c,&d);    /* 连续输入 4 个字符 */
   printf("%c%c%c%c\n",a,b,c,d);     /* 输出输入的 4 个字符 */
}
```

输入：

```
book↙
```

运行结果：

```
book
```

输入：

```
b␣o␣o␣k↙
```

运行结果：

```
b␣o␣
```

说明：

程序 scanf() 函数中采用 4 个 %c 连续书写，第一次输入的 4 个字符为 book↙，分别赋给字符型变量 a、b、c、d，因此输出这 4 个变量时结果为 book。第二次输入的字符为 b␣o␣o␣k↙，空格赋给了变量 b 和变量 d，因此输出这 4 个变量的结果为 b␣o␣。

5. 输入一个实型数据，输出它的平方值

程序如下：

```
#include <stdio.h>
main()
{
   float a,s;
   scanf("%f",&a);              /* 输入时不能指定精度，如 %5.2f 是错误的 */
   s=a*a;                       /* 求其平方 */
   printf(" 输入的数据 %.2f 的平方为 %.2f\n",a,s);
}
```

若输入：

```
5.0↙ 或 5 ↙
```

运行结果：

```
输入的数据 5.00 的平方为 25.00
```

说明：

本程序由键盘随机输入一个实型数据 5.0 赋值给单精度实型变量 a，求其平方后输出。需注意的是：①在输入实型数据时，可输入 5.0，也可直接输入 5，系统会自动对其进行转换。②用 %f 进行输入时，不可指定输入数据的精度，而输出时可指定输出数据的精度。

任务实施

一、任务流程分解

（1）变量定义分析：本任务共定义5个实型变量，分别为a、b、c、x1、x2，功能分别为二次项系数、一次项系数、常数项、第一个根、第二个根。

（2）变量赋值分析：a、b、c用scanf()函数赋值。一元二次方程的根有3种情况，这个程序只能求解有根的两种情况，无根情况无法求解，所以在输入a、b、c值时，一定要保证b2-4ac≥0，否则程序无法正确求解一元二次方程的根。

（3）输出结果分析：通过使用sqrt()函数，求解一元二次方程的根，并输出一元二次方程的根，输出时保留两位小数。

二、代码实现

```
#include <stdio.h>
#include <math.h>
main()
{
   float a,b,c,x1,x2;
   printf("**********************************\n");
   printf("    一元二次方程求解程序 \n");
   printf("**********************************\n");
   printf("请输入一元二次方程各项系数(a,b,c): \n");
   scanf("%f,%f,%f",&a,&b,&c);
   printf("----------------------------------\n");
   x1=(-b+sqrt(b*b-4*a*c))/(2*a);         /*利用一元二次方程求根公式求解*/
   x2=(-b-sqrt(b*b-4*a*c))/(2*a);
   printf("%.2fx^2+%.2fx+%.2f=0的解为: \n",a,b,c);
   printf("----------------------------------\n");
   printf("x1=%.2f,x2=%.2f\n",x1,x2);     /*输出时保留两位小数*/
   printf("**********************************\n");
}
```

三、结果演示

1. 有不相等的两个实根

程序执行时，如果输入“1.0,5.0,2.0”时，此一元二次方程的根为“x1= -0.44,x2= -4.56”。程序结果演示如图3-2（a）所示。说明：sqrt()函数返回值为实型，所以此一元二次方程的根为近似值。

数学公式

2. 有相等的两个实根

程序执行时，如果输入“1.0,2.0,1.0”时，此一元二次方程的根为“x1= -1.00,x2= -1.00”。程序结果演示如图3-2（b）所示。

```
**********************************
   一元二次方程求解程序
**********************************
请输入一元二次方程各项系数（a,b,c）：1.0,5.0,2.0
--------------------------------
1.00x^2+5.00x+2.00=0的解为：
----------------------------------
x1=-0.44,x2=-4.56
**********************************
```

(a)

```
**********************************
   一元二次方程求解程序
**********************************
请输入一元二次方程各项系数（a,b,c）：1.0,2.0,1.0
--------------------------------
1.00x^2+2.00x+1.00=0的解为：
----------------------------------
x1=-1.00,x2=-1.00
**********************************
```

(b)

图 3-2　演示结果界面

小　　结

本章通过两个任务，讲解了putchar()、getchar()、printf()、scanf()4个输入/输出函数的使用、结构化程序设计的方法及顺序结构程序设计。在编写顺序结构程序时，应注意以下几点：

（1）顺序结构设计的思路要清楚，执行语句的先后逻辑次序、条理要清晰。

（2）表达式与计算公式一致。

（3）输入/输出的格式说明符与输入/输出变量的类型一致。

尽管顺序结构程序设计较简单，但刚开始学习时应该注意培养良好的程序设计习惯及代码编写的规范。首先分析所给的问题，明确要求，找出解决问题的途径（即算法）；然后安排分配合适的变量，再逐步写出处理步骤；最后输出结果。算法设计是自顶向下进行的，复杂的算法要逐步求精。

练　习　题

一、选择题

1. 计算机录入信息的语句是（　　）。

   A. scanf　　B. printf　　C. if　　D. for

2. 计算机输出信息的语句是（　　）。

   A. scanf　　B. printf　　C. if　　D. for

3. a是整型变量，下列正确的录入信息的语句格式是（　　）。

A. scanf("%d",&a);　　B. scanf("%d",a);

C. scanf("%f",&a);　　D. scanf("%f",a);

4. a是实型变量，下列正确的录入信息的语句格式是（　　）。

A. scanf("%d",&a);　　B. scanf("%d",a);

C. scanf("%f",&a);　　D. scanf("%f",a);

5. b是整型变量，下列正确的输出信息的语句格式是（　　）。

A. printf("%d",&a);　　B. printf ("%d",a);

C. printf ("%f",&a);　　D. printf ("%f",a);

6. b是实型变量，下列正确的输出信息的语句格式是（　　）。

A. printf ("%d",&a);　　B. printf ("%d",a);

C. printf ("%f",&a);　　D. printf ("%f",a);

7. 定义如下变量：int x；float y；则以下输入语句中正确的是（　　）。

A. scanf("%f%d",y,x);　　B. scanf("%f,%d",&y,&x);

C. scanf("%5.2f%2d",&y,&x);　　D. scanf("%f%f",&x,&y);

8. 若x、y均定义成int型，z定义为float型，以下合法的scanf()函数调用语句是（　　）。

A. scanf("%d %d %f", x, y, z);　　B. scanf("%f%f%d", &x, &y, &z);

C. scanf("%f%f %d", x,y,z);　　D. scanf("%d%d%f", &x, &y, &z);

二、填空题

1. C语言中标准输入语句的函数名是________。
2. C语言中标准输出语句的函数名是________。
3. C语言中使用输入/输出语句需要引入的头文件是________。
4. 输入语句中每个输入的变量前需要加符号________。
5. C语言中使用数学函数需要引入的头文件是________。

三、程序题

1. 已知长方体长5 cm，宽3 cm，高2 cm，求长方体体积。
2. 已知圆周率为3.14 ，半径为4.0，求其圆面积和圆周长。
3. 输入圆的半径r和高h，计算并输出圆柱体体积。

中级题

一、选择题

1. 下列程序的运行结果是（　　）。

```
#include <stdio.h>
main()
{
   int a=2,c=5;
```

```
    printf("a=%d,b=%d\n",a,c);
}
```

A. a=%2,b=%5　　B. a=2,b=5

C. a=d,b=d　　D. a=2,c=5

2. x、y、z被定义为int型变量，若从键盘给x、y、z输入数据，正确的输入语句是（　　）。

A. INPUT x、y、z;　　B. scanf("%d%d%d",&x,&y,&z);

C. scanf("%d%d%d",x,y,z);　　D. read("%d%d%d",&x,&y,&z);

3. 使用scanf语句需要引入下列（　　）头文件。

A. stdio.h　　B. math.h　　C. stdlib.h　　D. string.h

4. 使用绝对值fabs语句需要引入下列（　　）头文件。

A. stdio.h　　B. math.h　　C. stdlib.h　　D. string.h

5. 使用系统调用system语句需要引入下列（　　）头文件。

A. stdio.h　　B. math.h　　C. stdlib.h　　D. string.h

6. printf()函数中用到格式符%5d，其中数字5表示输出的数字占用5列，如果字符串长度大于5，则输出按方式（　　）。

A. 从左起输出该字符串，右补空格　　B. 按原字符长从左向右全部输出

C. 右对齐输出该字符串，左补空格　　D. 输出错误信息

7. 输出一个%，正确的语句格式是（　　）。

A. printf("%d",a);　　B. printf("%%");

C. printf(%);　　D. printf("%");

8. 在C语言中，计算平方根的函数名是（　　）。

A. sqrt　　B. fabs　　C. sin　　D. exp

二、填空题

1. 输入语句的一般格式是________，输出语句的一般格式是________。

2. 数学函数fabs(x)表示________，数学函数sqrt(x)表示________。

3. 输出一个整数x最少占10个位置________________________。

4. 输出一个实数x保留两位有效数字________________________。

5. 输出一个字符型ch__________，输入一个整型x__________。

6. 输入一个字符型ch__________，输入一个实型y__________。

三、程序题

1. 从键盘输入x的值，计算函数$y=3x^2+2x-4$的结果，输出y值。

2. 编写程序实现两个变量值的相互交换。

3. 从键盘输入一个大写字母，要求改用对应小写字母输出。

一、选择题

1. 以下程序的输出结果是（　　）。

```
#include <stdio.h>
main()
{
   int n;
   n=4*6;
   printf("n=%d",n);
}
```

A. n=4　　B. 4

C. n=24　　D. 24

2. 以下程序的输出结果是（　　）。

```
#include <stdio.h>
main()
{
   int x=2;
   printf("%d",x++);
}
```

A. 2　　B. 3

C. 0　　D. 错误

3. 以下程序的输出结果是（　　）。

```
#include <stdio.h>
main()
{
   int x=2;
   printf("%d", ++x);
}
```

A. 2　　B. 3

C. 0　　D. 错误

4. 设a=12、b=12345，执行语句printf("%4d,%4d",a,b)的输出结果为（　　）。

A. 12, 123　　B. 12，12345

C. 12, 1234　　D. 12, 123456

5. 阅读以下程序，并根据数据的输入形式：25 13 10<回车>，正确的输出结果是（　　）。

```
main()
{   int x,y,z;
    scanf("%d%d%d",&x,&y,&z);
    printf("x+y+z=%d\n",x+y+z);
 }
```

A. x+y+z=48　　B. x+y+z=35

C. x+y+z=38　　D. 不确定

二、填空题

1. 若想通过以下输入语句使a=5.0，b=4，c=3，则输入数据的形式应该是_____。

```
int b,c; float a;
scanf("%f,%d,c=%d",&a,&b,&c);
```

2. 以下程序段的输出结果是_____。

```
int x=17,y=26;
x=x%6; y=y/x;
printf("%d",y);
```

3. 下列程序的输出结果是16.00，请填空。

```
#include <stdio.h>
main()
{
    int a=9,b=2;
    float x=___________,y=1.1,z;
    z=a/2+b*x/y+1/2;
    printf("%.2f\n",z );
}
```

三、程序题

1. 输入一个三位整数，求出各位数字和并输出。
2. 输入两个实数，输出它们的和、差、积、商。
3. 编写程序，把500 min换算成用小时和分钟联合表示的形式。

第4章　选择结构程序设计

为了提升编写的程序种类和构建程序的灵活性，本章学习选择结构程序设计。选择结构是对程序中某个变量或表达式的值做出判定，根据判定结果决定执行哪些语句和跳过哪些语句。为了实现选择结构的程序设计，C语言引入了if语句和switch语句。另外，借助于条件运算符也可以实现简单的选择结构。

通过本章的学习，使读者了解并掌握C语言的选择结构程序设计方法，加深对C语言程序开发设计过程的认识，强化培养编程思路，为进一步进行C语言程序设计打下坚实的基础。

任务6　闰年表达式

任务描述

本任务设计完成一个闰年判断程序。闰年判断条件为：

（1）年份能被4整除而不能被100整除。

（2）年份能被400整除。

如果满足上述条件，即为闰年，否则为平年。

知识准备

条件运算符可以实现简单的选择作用。条件表达式的值可以用在赋值语句中。关系表达式与逻辑表达式的值只有两个，即1或0。C语言用1表示“真”，用0表示“假”。

一、条件运算符

（1）条件运算符（?：），是C语言中唯一需要3个操作数的运算符，它可以组成一个条件表达式，其一般形式为：

```
表达式 1? 表达式 2: 表达式 3
```

（2）条件运算符的执行顺序。首先判断表达式1的值，如果数值不是0，则计算表达式2的值，并将此作为条件表达式的值；如果数值是0，则计算表达式3的值，并将此作为条件表达式的值。

（3）条件运算符的优先级优先于赋值运算符，低于关系运算符，结合性为右结合。

二、关系运算符与关系表达式

（1）关系运算符用于比较表达式，提出类似“a大于10吗？”或“x等于y吗？”这样的问题。关系表达式的一般形式：

```
表达式 关系运算符 表达式
```

（2）关系表达式的值，根据所描述的关系成立与否取值为1或0。而不是像有些语言的真与假。即关系成立，值为1；不成立，值为0。关系运算符和关系表达式见表4-1。

表 4-1 关系运算符和关系表达式

运 算 符	符 号	实 例	读 作	求 值
大于	>	5>3	5 大于 3 吗	1
大于或等于	>=	3>=3	3 大于或等于 3 吗	1
小于	<	'a'<'b'	'a' 小于 'b' 吗	1
小于或等于	<=	5<=3	5 小于或等于 3 吗	0
等于	==	3==3	3 等于 3 吗	1
不等于	!=	3!=3	3 不等于 3 吗	0

（3）优先级与结合性。运算顺序由高到低为算术运算符→关系运算符<,<=,>,>=→关系运算符==和!=，关系运算符的结合性为从左至右。

三、逻辑运算符与逻辑表达式

（1）C语言有3种逻辑运算符，见表4-2。用逻辑运算符将关系表达式或逻辑量连接起来的式子称为逻辑表达式。

表 4-2 逻辑运算符

运 算 符	功 能	表 达 式
&&	逻辑与	a&&b
||	逻辑或	a || b
!	逻辑非	!a

（2）一般意义，逻辑表达式成立其值为“真”，不成立其值为“假”。在C语言中用数值1代表“真”，用数值0代表“假”。逻辑运算的真值表见表4-3。

表 4-3 C 语言逻辑运算的真值表

a	b	a&&b	a || b	!a	!b
非 0	非 0	1	1	0	0
非 0	0	0	1	0	1
0	非 0	0	1	1	0
0	0	0	0	1	1

（3）逻辑运算的优先级顺序为!（非）→&&（与）→||(或)。!（非）运算为单目运算符，结合性为右结合；&&（与）、||（或）为双目运算符，结合性是左结合。

（4）C语言逻辑运算总结（a、b 代表一个关系表达式或逻辑量）。

&&运算：当 a、b 都为非0时，a&&b的值为1，其他情况均为0。

|| 运算：当a、b都为0时，a || b的值为0，其他情况均为1。

! 运算：a为非0，!a的值为0；a为0，!a的值为1。

知识应用

（1）求3个数中最大值的程序。

分析：

① 将3个数存于x、y、z 变量中，其中的最大数用max 标识。通过比较，输出最大值，由于一次只能比较两个数，3个数比大小应比较两次。

② 第一次：x 和y 比较，把其中的大数送入max变量中。

③ 第二次：z和max比较，将大数送入max ，此时，max中将是3个数中的最大数。

```
#include <stdio.h>
main()
{
   float x,y,z,max;
   scanf("%f%f%f",&x,&y,&z);
   max=x>y?x:y;
   max=z>max?z:max;
   printf("max=%.2f \n",max);
}
```

运行时输入：

```
10 20 30↙
```

输出：

```
max=30.00
```

（2）写出下面程序段的运行结果。

```
#include <stdio.h>
main()
{
   int a,b=10; char c='A';
   printf("%d,%d\n",a=5,b==5);
   printf("%d\n",c+3<'D');
   printf("%d,%d\n",a=b==a+8,3>2>1);
}
```

说明：

① 赋值表达式的值是被赋变量的值。因此赋值表达式 a=5 的值是 a 的值，是 5。b==5 是关系表达式，不成立，其值是 0。

② 字符型数据相比较时，是比较它们的 ASCII 码值。

③ 表达式 a==b=a+8 共有 3 个运算符，根据优先级先计算 a+8，则 a=b==13；然后计算 b==13，则 a=0；最后计算 a=0，结果是 0。

④ 3>2>1 根据从左至右的结合性，先计算 3>2，结果是 1；再计算 1>1，结果是 0。因此 3>2>1 的值是 0。在 C 语言中，关系表达式的值为 0 是不成立的意思。而在数学上 3>2>1 是成立的。可见，在描述条件时要用 C 的思维而不是数学的思维。

运行结果：

```
5,0
0
0,0
```

（3）用一个表达式判断字符型变量ch是否是一个大写英文字母。

分析：如果写成如下的关系表达式：'A'<=ch<='Z'，这正是接下来要分析的问题。C语言在对这个表达式求值时，根据关系运算符从左至右的结合性，首先求出'A'<=ch的值，结果是0或1，然后再求0<='Z'或1<='Z'，这两个表达式的结果都是1，即无论是否是大写字母，该表达式都成立。因此是错误的判断条件。

正确表示时必须先分解成两个简单的条件，即ch>='A'和ch<='Z'，然后再用逻辑运算符连接起来，构成一个逻辑表达式。

根据与运算的含义，本题表示为ch>='A'&& ch<='Z'。

（4）若有变量 int a=3，b=2，c=1，则表达式a-b<c || b==c的值是什么。

分析：表达式中共有4个运算符，优先级由高到低的顺序是：“-”高于“<”高于“ == ”高于“||”，因此求解过程为计算a-b→计算a-b<c→计算b==c→计算整体表达式的值，最后结果为0。

任务实施

一、任务流程分解

（1）任务分析：闰年是为了弥补因人为历法规定造成的年度天数与地球实际公转周期的时间差而设立的，补上时间差的年份为闰年。由于地球公转一周为365日5时48分46秒（或365.25日），与一年相差5时48分46秒。这样每过四年就会多一天。因而被四整除的非世纪年是闰年，但这样每过四百年又多出一天。所以后来规定世纪年只有能被四百整除的才是闰年。本任务完成一个闰年判断程序，程序开始提示用户输入要判断的年份，然后判断输入的年份是否符合闰年条件，如果符合，输出闰年；如果不符合，输出平年。

（2）程序初始化分析：定义年份变量。

（3）数据录入分析：用户输入要判断的年份。

（4）数据处理分析：判断用户输入的年份是否符合闰年规则。

（5）输出结果分析。

结果1：符合闰年判断规则，输出闰年。

结果2：不符合闰年判断规则，输出平年。

二、代码实现

```
#include <stdio.h>
main()
{
   int year;
   printf("请输入要判断的年份: ");
   scanf("%d",&year);
   if(year%4==0&&year%100!=0||year%400==0)
     printf("闰年\n");
   else
     printf("平年\n");
 }
```

视 频

判断闰年

三、结果演示

输入2022，输出平年的结果，程序结果演示如图4-1（a）所示。

输入2024，输出闰年的结果，程序结果演示如图4-1（b）所示。

输入2100，输出平年的结果，程序结果演示如图4-1（c）所示。

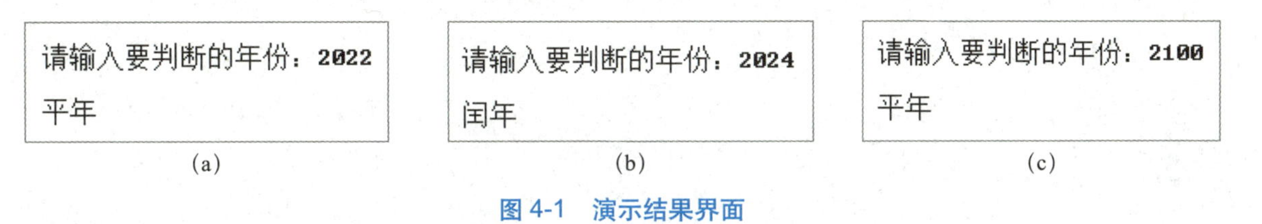

图 4-1　演示结果界面

任务 7　判定积分等级

任务描述

本任务设计完成一个学习强国App积分等级判断程序。学习强国App各星级段位所需要的积分如下，字母X代表学习积分，百分比代表学习积分在全国的排名区。程序运行后，输入积分排名区，输出相应的星级段位。

排名区	段位
0<x≤10%	一心一意
10%<x≤20%	再接再厉
20%<x≤30%	三省吾身
30%<x≤40%	名扬四海
40%<x≤50%	学富五车

排名区	段位
50%<x≤60%	六韬三略
60%<x≤70%	七步才华
70%<x≤80%	才高八斗
80%<x≤90%	九天揽月
90%<x≤100%	十年磨剑

知识准备

C语言的if语句是根据给定的条件进行判断，以决定执行哪些语句和跳过哪些语句不执行。if语句有3种基本形式：

一、if 语句的第一种形式

```
if(表达式)
  语句;
```

执行过程：先计算表达式的值，如果结果为非0值，则执行其中的“语句”；如果结果为0，则不执行“语句”。无论哪一种情况，下一步都要执行if语句之后的代码。流程图如图4-2所示。

实例:

```
if(x>y)
    printf("%d",x);
printf("ok");
```

如果有定义“x =7;y=5;”，则输出7ok。

如果有定义“x =5;y=7;”则输出ok。

二、if 语句的第二种形式

```
if(表达式)
  语句 1;
else
  语句 2;
```

执行过程：先计算表达式的值，如果结果为非0值，则执行语句1而不执行语句2；如果结果为0，则执行语句2而不执行语句1。流程图如图4-3所示。

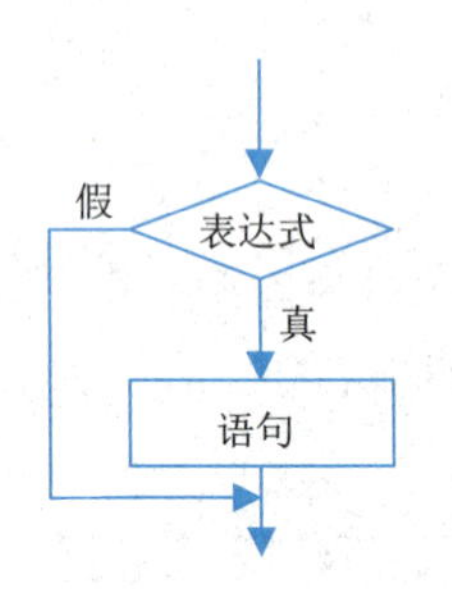

图 4-2　if 语句第一种形式流程图

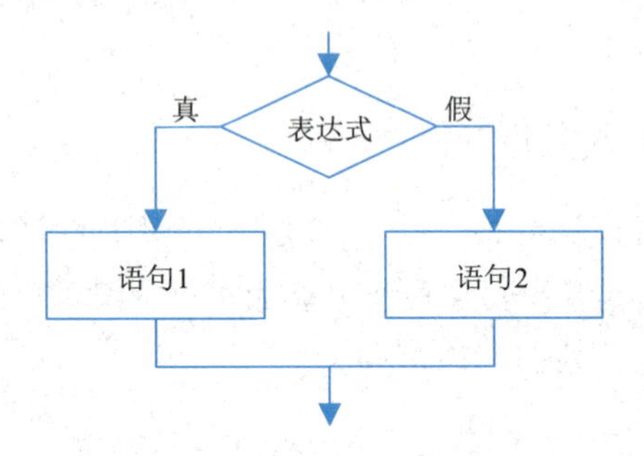

图 4-3　if 语句第二种形式流程图

三、if 语句的第三种形式

```
if(表达式 1)      语句 1;
else if(表达式 2) 语句 2;
  else if(表达式 3) 语句 3;
    else  if(表达式 n)  语句 n;
       else 语句 n+1;
```

执行过程：如果表达式1的结果为非0值，则执行语句1；否则，判定表达式2的值，若为非0值，则执行语句2；……否则，执行语句n+1。流程图如图4-4所示。

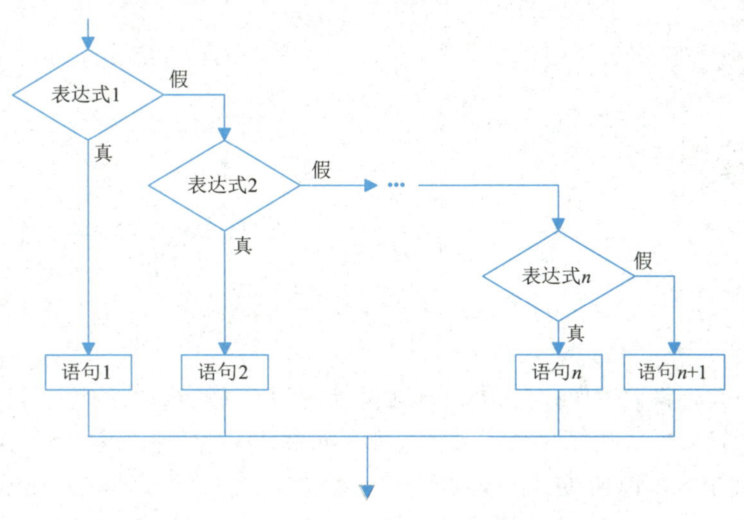

图 4-4　if 语句第三种形式流程图

分号是C语句的必要成分，谈到语句，就一定包含一个分号在末尾。因此上述if 语句中的第二、第三种形式中，在每个else 前面都有一个分号。这3种形式每一个都是一条C语句，因此整个语句结束处有一个分号。这3种形式中的“语句”又都可以是复合语句。其中( )内的表达式一般为逻辑表达式或关系表达式，但可以是任意类型。例如：

```
if('A')
     printf("A");                  /* 'A' 为非 0 值，执行 printf() 函数，输出 "A"*/
```

说明：

（1）if 语句中的“表达式”必须用“(”和“)”括起来。

（2）else 子句是 if 语句的一部分，必须与 if 配对使用，不能单独使用。

（3）在 3 种形式的 if 语句中，if 关键字之后均为表达式。该表达式通常是逻辑表达式或关系表达式，但也可以是其他表达式。只要表达式的值为非 0，即为“真”。其后的语句总是要执行的。

（4）if 语句的第一种、第二种形式实现的是两者选一的情形，若有 3 种以上情况则需要用第三种形式的 if 语句。

知识应用

(1) 输入一个数x，要求不使用abs( )函数，输出其绝对值。

分析：首先输入一个数给 x变量，然后进行判断，if 语句中的条件为x<0，当条件成立时，可用（-x）求出其绝对值，否则输出x即可。

```
#include <stdio.h>
main()
{
   float x;
   printf("请输入一个数：");
   scanf("%f",&x);
   if(x<0)
   {
      printf("%f\n", -x);
   }
   else
   {
      printf("%f\n",x);
   }
}
```

（2）输入两个整数，将大数保存在x中，小数保存在y中，输出x和y的值。

分析：将两个数输入后依次保存在x、y变量中。如果（x>=y）符合题中的要求，输出即可；如果（x<y），则需要交换x和y中的数。交换两个变量的值，需要用到第三个变量，如temp，其方法是：先将两个变量中的一个，如x的值存入第三个变量（temp）；然后将另一个变量（y）的值存入第一个变量(x)；最后将存放在第三个变量中的原第一个变量的值存入第二个变量。如图4-5所示，是有助于理解交换两个变量的3条语句。

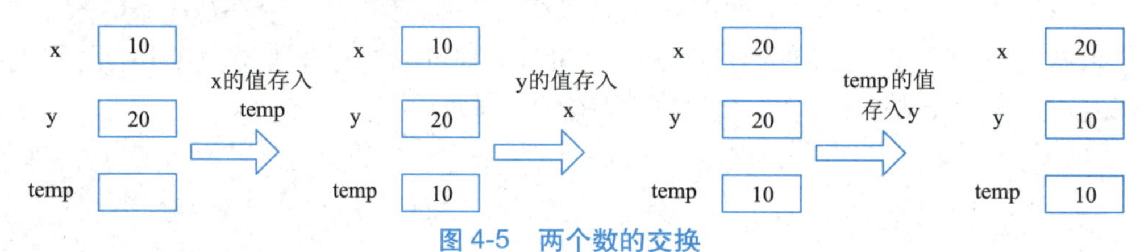

图 4-5　两个数的交换

```
#include <stdio.h>
main()
{
   int x,y,temp;
   printf("请输入两个数：");
   scanf("%d,%d",&x,&y);
   if(x>=y)
   {
       printf("x 的值为：%d\n",x);
       printf("y 的值为：%d\n",y);
   }
   else
   {
       temp=x;
       x=y;
       y=temp;
       printf("x 的值为 :%d\n",x);
       printf("y 的值为 :%d\n",y);
   }
}
```

任务实施

一、任务流程分解

（1）任务分析：本任务主要实现学习强国平台积分等级段位判定功能，程序运行后，根据输入的积分，输出用户的星级段位。(为了程序实现方便，这里省略了百分比)

0<x≤10	一心一意
10<x≤20	再接再厉
20<x≤30	三省吾身
30<x≤40	名扬四海
40<x≤50	学富五车

50<x≤60	六韬三略
60<x≤70	七步才华
70<x≤80	才高八斗
80<x≤90	九天揽月
90<x≤100	十年磨剑

视 频

判断积分等级

（2）程序初始化分析：定义用户积分为整型变量fen。

（3）数据录入分析：输入积分。

（4）数据处理分析：按照星级段位判定规则，对输入的积分进行判断。

二、代码实现

```
#include <stdio.h>
main()
{
  int fen;
  printf("请输入自己的积分：");
  scanf("%d", &fen);
  if (fen>=0 && fen<=10)
     printf("一心一意！ \n\n");
  else if (fen>10 && fen<=20)
     printf("再接再厉！ \n\n");
  else if (fen>20 && fen<=30)
     printf("三省吾身！ \n\n");
  else if (fen>30 && fen<=40)
     printf("名扬四海！ \n\n");
  else if(fen>40 && fen<=50)
     printf("学富五车！ \n\n");
  else if(fen>50 && fen<=60)
     printf("六韬三略！ \n\n");
  else if(fen>60 && fen<=70)
     printf("七步才华！ \n\n");
  else if(fen>70 && fen<=80)
     printf("才高八斗！ \n\n");
  else if(fen>80&& fen<=90)
     printf("九天揽月！ \n\n");
  else if(fen>90 && fen<=100)
     printf("十年磨剑！ \n\n");
}
```

三、结果演示

输入10，输出积分等级，程序结果演示如图4-6（a）所示。
输入20，输出积分等级，程序结果演示如图4-6（b）所示。
输入30，输出积分等级，程序结果演示如图4-6（c）所示。
输入40，输出积分等级，程序结果演示如图4-6（d）所示。
输入50，输出积分等级，程序结果演示如图4-6（e）所示。
输入60，输出积分等级，程序结果演示如图4-6（f）所示。
输入70，输出积分等级，程序结果演示如图4-6（g）所示。
输入80，输出积分等级，程序结果演示如图4-6（h）所示。
输入90，输出积分等级，程序结果演示如图4-6（i）所示。
输入100，输出积分等级，程序结果演示如图4-6（j）所示。

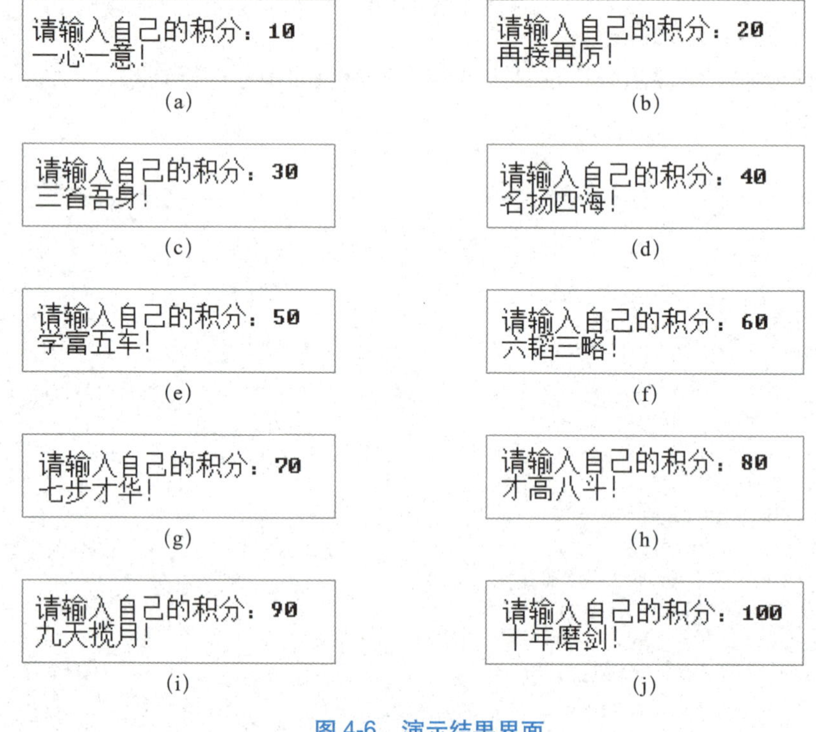

图 4-6　演示结果界面

任务8　标 准 体 重

任务描述

本任务设计完成一个标准体重判断程序。程序运行后，按照提示信息，用户输入性别、身高（cm）和体重（kg）。男性的标准体重为身高-105；女性的标准体重为身高-110。设体重与标准体重上、下偏差2 kg均属标准体重，否则为不标准体重。

知识准备

一、if 语句嵌套形式

在一个if语句中又包含另一个if语句，从而构成了if语句的嵌套使用。内嵌的if语句既可以嵌套在if子句中，也可以嵌套在else子句中。常用的if语句嵌套形式如下：

（1）if嵌套if…else：

```
if()
  if()   语句 1;              /* 内层的 if…else 语句 */
  else   语句 2;
```

（2）if…else嵌套if…else

```
if()
  if() 语句 1;                /* 内层的 if…else 语句 */
  else   语句 2;
else
  if() 语句 3;                /* 内层的 if…else 语句 */
  else   语句 4;
```

说明：

if语句的嵌套形式不需要刻意追求，而是在解决实际问题的过程中随着问题的需求而设计的。

二、if 与 else 配对规则

上述形式中，因为在同一层次的书写上if 和else 有相同的缩进，所以if 和else 的配对关系还很清晰。但值得一提的是，它们的配对关系，决不是依据有相同的缩进来判定的。if 和else的配对关系正是if嵌套程序的解读关键。if与else的配对规则如下：

（1）else 总是与它上面最近的尚未与else 配对的if 配对。

（2）如果if 与else 的数目不一样，为了实现程序设计的意图，可以使用加花括号来明确配对关系。

知识应用

（1）输入3个数，输出其中的最大值。

分析：从键盘输入3个数（a、b、c），首先比较a、b的大小，如果a>b，那么继续比较a与c的大小；如果a>c，最大值max=a；否则最大值max=c；如果a<=b，那么继续比较b与c的大小；如果b>c，最大值max=b；否则最大值max=c。

```
#include <stdio.h>
main()
```

```
{
   int a,b,c,max;
   printf("请输入三个数: ");
   scanf("%d%d%d",&a,&b,&c);
   if(a>b)
      if(a>c)
         max=a;
      else
         max=c;
   else
      if(b>c)
         max=b;
      else
         max=c;
   printf("最大值为: %d\n",max);
}
```

（2）三角形形状判断。

分析：从键盘输入3个数（a、b、c），如果这3个数能构成一个三角形，则输出该三角形的形状信息。

① 按照三角形构成规则（两边之和大于第三边），判断是否能构成三角形；若能构成，继续判断三角形形状；若不能构成三角形，输出“不能构成三角形”。

② 判断三角形形状：如果三边相等(a==b&&b==c)，那么输出“等边三角形”；否则，继续判断；如果两边相等(a==b||b==c||a==c)，那么输出“等腰三角形”；否则，输出“普通三角形”。

```
#include <stdio.h>
main()
{
   float a,b,c;
   printf("请输入三角形三边长");
   scanf("%f%f%f",&a,&b,&c);
   if(a>0&&b>0&&c>0&&a+b>c&&a+c>b&&b+c>a)    /*三角形判定条件*/
   {
      if(a==b&&b==c)                           /*三边长相等*/
         printf("等边三角形");
      else
      {
         if(a==b||b==c||a==c)                  /*两边相等*/
            printf("等腰三角形");
         else
            printf("普通三角形");
      }
   }
   else
      printf("不能构成三角形");
}
```

任务实施

一、任务流程分解

流程描述：开始程序提示用户输入性别（1男 0女），如果性别为“男”，则继续输入身高和体重，男性的标准体重=身高-105，然后判断输入体重与标准体重差值是否为2，如果差值为2，则输出“正常”，否则输出“不正常”；如果性别为女，则继续输入身高和体重，女性的标准体重=身高-110，然后判断输入体重与标准体重差值是否为2，如果差值为2，则输出“正常”，否则输出“不正常”；如果输入不是“男”“女”，则提示“性别输入不正确”。

（1）程序初始化分析：定义身高、性别、体重及标准体重变量。

（2）数据录入分析：用户输入性别、身高和体重。

（3）数据处理分析：判断相关信息是否符合标准体重条件。

（4）输出结果分析。

结果1：男性，标准体重正常。

结果2：男性，标准体重不正常。

结果3：女性，标准体重正常。

结果4：女性，标准体重不正常。

结果5：其他，输入性别不正确。

二、知识扩展

（1）引入头文件：

```
#include <math.h>
```

（2）使用方式：

```
#include <math.h>
fabs(bztz-tz)<=2;                    /* 判断两个变量之差的绝对值是否小于或等于 2*/
```

三、代码实现

```
#include <stdio.h>
#include <math.h>
main()
{
  float sg,tz,bztz;
  int sex;
  printf("请输入性别：(1 男  0 女)");
  scanf("%d",&sex);
  if(sex==1)
  {
    printf("请输入身高(cm)和体重(kg): ");
    scanf("%f%f",&sg,&tz);
    bztz=sg-105;
```

视频

判断标准体重

```
        if(fabs(bztz-tz)<=2)
          printf(" 正常 !\n");
        else
          printf(" 不正常 !\n");
      }
    else
      if(sex==0)
      {
        printf(" 请输入身高 (cm) 和体重 (kg): ");
        scanf("%f%f",&sg,&tz);
        bztz=sg-110;
        if(fabs(bztz-tz)<=2)
           printf(" 正常 !\n");
        else
           printf(" 不正常 !\n");
      }
      else
        printf(" 性别输入错误 !\n");
}
```

四、结果演示

输入性别1，身高175，体重70，输出正常的结果，程序结果演示如图4-7（a）所示。

输入性别1，身高175，体重75，输出不正常的结果，程序结果演示如图4-7（b）所示。

输入性别0，身高165，体重55，输出正常的结果，程序结果演示如图4-7（c）所示。

输入性别0，身高165，体重50，输出不正常的结果，程序结果演示如图4-7（d）所示。

输入性别2，输出性别输入错误的结果，程序结果演示如图4-7（e）所示。

```
请输入性别(1男 0女): 1
请输入身高(cm)和体重(kg): 175 70
正常!
```

(a)

```
请输入性别(1男 0女): 1
请输入身高(cm)和体重(kg): 175 75
不正常!
```

(b)

```
请输入性别(1男 0女): 0
请输入身高(cm)和体重(kg): 165 55
正常!
```

(c)

```
请输入性别(1男 0女): 0
请输入身高(cm)和体重(kg): 165 50
不正常!
```

(d)

```
请输入性别(1男 0女): 2
性别输入错误!
```

(e)

图 4-7　演示结果界面

任务 9　实现单项选择功能

任务描述

本任务设计完成单项选择功能。程序运行后，显示单选题题目，用户根据题目的要求，选择相应的答案；程序根据用户输入的选项，输出相应的内容；如果用户输入的内容不在答案范围内，提示用户“输入不正确”。

知识准备

为了使循环控制更加灵活，C语言提供了switch 语句，便于设计多选一的程序。

一、switch 语句格式

```
switch(表达式)
{
  case 常量表达式 1: 语句组 1
  case 常量表达式 2: 语句组 2
  …
  case 常量表达式 n: 语句组 n
  default : 语句组 n+1
}
```

二、switch 语句的执行

计算表达式1的值，并逐个与其后的常量表达式值相比较，当表达式的值与某个常量表达式的值相等时，即执行其后的语句，然后不再进行判断，继续执行后面所有case后的语句。如果表达式的值与所有case后的常量表达式均不相同时，则执行default后的语句。

三、switch 语句使用注意事项

（1）switch后圆括号内“表达式”的类型，可以是任意能求得的一个整数值，如int 类型或char类型值的表达式。

（2）每一个case的常量表达式的值必须互不相同。

（3）各个case 和default的顺序可以任意，不影响执行结果。

（4）多个case 可以共用一组语句。

```
case 'A ':
case 'B ':
case 'C':printf("成绩合格");
break;            /*也可以将这三个 case 写在一行上*/
```

（5）在case后，如果有一个以上执行语句，可以不用{}括起来。加上{}也不算错。

（6）各case和default子句的先后顺序可以变动，而不会影响程序执行结果。

（7）default子句可以省略不用。

（8）switch 语句几乎和break分不开，尽管从语法上没有硬性的规定，但任何一个用到switch语句的实用程序，都离不开break语句。因为本质上，case语句只是一个入口，并没有判断的功能，如果没有break，程序就会毫无阻碍地长驱直入而不具备分支的作用。

知识应用

（1）设计一个简单的计算器，能进行加减乘除运算。

分析：

① 将输入的参加运算的两个数保存在x、y变量中。

② 输入的运算符号是＋、－、*、/中的一个，将其保存在字符变量oper中。

③ 用switch 语句根据输入的不同运算符采用不同的计算公式。

```
#include <stdio.h>
main()
{
    float x,y,result;
    char oper;
    printf("请输入两个数和一个运算符号");
    scanf("%f%c%f",&x,&oper,&y);
    switch(oper)
    {
        case '+': result=x+y;
            break;
        case '-': result=x-y;
            break;
        case '*': result=x*y;
            break;
        case '/': result=x/y;
            break;
    }
    printf("%.2f%c%.2f = %.2f\n",x,oper,y,result );
}
```

（2）设计完成一个学生管理系统菜单界面。

程序运行后，显示学生管理系统菜单界面，按照提示信息，用户输入相应的数字，选择具体操作功能；根据用户输入的数字，提示用户选择操作；如果用户输入的数字不在可选功能范围内，提示用户“输入不正确”。菜单界面上显示“1.学生学籍管理”“2.增加学生信息”“3.删除学生信息”“4.修改学生信息”“5.查询学生信息”“6.学生成绩统计操作”“0.退出系统”等内容。

```
#include <stdio.h>
main()
{
    int choice;                          /*用户选择变量*/
    printf("**********&学生成绩文件管理&**********\n\n");
    printf("************请输入所需操作***********\n");      /*选择功能菜单*/
    printf("1.学生学籍管理\n");
    printf("2.增加学生信息\n");
    printf("3.删除学生信息\n");
```

```
    printf("4. 修改学生信息 \n");
    printf("5. 查询学生信息 \n");
    printf("6. 学生成绩统计操作 \n");
    printf("0. 退出系统 \n");
    printf("****************************************\n");
    printf(" 请选择 :");
    scanf("%d",&choice);
    switch(choice)                /* 多重选择，实现不同的功能 */
    {
      case 1:
         printf(" 您选择的是 1. 学生学籍管理 \n");
         break;
      case 2:
         printf(" 您选择的是 2. 增加学生信息 \n");
         break;
      case 3:
         printf(" 您选择的是 3. 删除学生信息 \n");
         break;
      case 4:
         printf(" 您选择的是 4. 修改学生信息 \n");
         break;
      case 5:
         printf(" 您选择的是 5. 查询学生信息 \n");
         break;
      case 6:
         printf(" 您选择的是 6. 学生成绩统计操作 \n");
         break;
      case 0:
         printf("\n 谢谢使用 ! 再见 !\n");
         break;
      default:
         printf("\n 按键错误 ! 请重新选择 !\n");
    }                              /* 结束 switch*/
}
```

任务实施

一、任务流程分解

（1）任务分析：本任务实现以下单选题功能。题目如下：

请问，在奥运会历史上，既举办过夏季奥运会又举办过冬季奥运会的，是哪个城市？

A–上海　　　　　B–北京　　　　　C–张家界　　　　　D–广州

（2）流程描述：程序开始运行后，按照题目问题，用户输入答案，输入A、C、D时，答案不正确，输入B时，答案正确；通过switch语句控制菜单选项，如果用户输入的选项都不等于case后面的常量表达式，则执行default语句。

（3）程序初始化分析：输出单选题的题目及选项。

视 频

单项选择功能

（4）数据录入分析：用户根据题目问题，输入选择的答案选项。

（5）数据处理分析：使用switch…case语句判断用户输入。

（6）输出结果分析。

结果1：用户输入B，输出“回答正确！”

结果2：用户输入A或者C或者D，输出“回答错误！”

结果3：用户输入非A、B、C、D四个字符，则输出“您的输入不正确！”

二、代码实现

```
#include <stdio.h>
main()
{
    char a;
    printf("请问，在奥运会历史上，既举办过夏季奥运会又举办过冬季奥运会的，是哪个城市？ \n");
    printf("A-上海 \n");
    printf("B-北京 \n");
    printf("C-张家界 \n");
    printf("D-广州 \n");
    printf("请输入您的答案：");
    scanf("%c", &a);
    switch (a)
    {
        case 'B':printf("回答正确！ \n"); break;
        case 'A':
        case 'C':
        case 'D':printf("回答错误！ \n"); break;
        default:printf("您的输入不正确！ \n"); break;
    }
}
```

三、结果演示

输入B，输出“回答正确！”，程序结果如图4-8（a）所示。

输入A或C或D，输出“回答错误！”，程序结果如图4-8（b）所示。

输入非A、B、C、D，输出“您的输入不正确！”，程序结果如图4-8（c）所示。

```
请问，在奥运会历史上，既举办过夏季奥运会又举办过冬季奥运会的，是哪个城市？
A-上海
B-北京
C-张家界
D-广州
请输入您的答案：B
回答正确！
```

（a）

```
请问，在奥运会历史上，既举办过夏季奥运会又举办过冬季奥运会的，是哪个城市？
A-上海
B-北京
C-张家界
D-广州
请输入您的答案：A
回答错误！
```

（b）

图 4-8　演示结果界面

```
请问，在奥运会历史上，既举办过夏季奥运会又举办过冬季奥运会的，是哪个城市？
A-上海
B-北京
C-张家界
D-广州
请输入您的答案：2
您的输入不正确！
```

(c)

图 4-8　演示结果界面（续）

小　结

前面章节中介绍的基础知识，能够完成顺序执行的控制程序。本章开始体现C语言的强大之处，在执行过程中根据用户输入的数据或计算的结果确定下一步的操作。本章学习了如何利用条件运算符比较变量，再使用if、if...else和switch语句控制程序执行过程。根据不同的执行过程，会有不同的结果输出。

本章重点内容是条件语句的格式、选择结构及分支的嵌套。难点内容为分支结构的产生和条件表达式的确定。选择结构是根据“条件”决定选择哪一组语句，编程前，首先对要解决的问题进行逻辑分析，再确立每个分支点的判定条件，并确定每个分支各自的出入通道，要把各种情况所对应的处理语句都列出来。

练　习　题

一、选择题

1. 逻辑运算符两侧运算对象的数据类型是（　　）。

   A. 只能是0或1　　B. 只能是0或非0正数

   C. 只能是整型或字符型数据　　D. 可以是任何类型的数据

2. 下列关系表达式中结果为0的是（　　）。

   A. 1!=2　　B. 3<=4　　C. "x" &&"y"　　D. x=0

3. 以下运算符中，优先级最高的为（　　）。

   A. &&　　B. ||　　C. ! =　　D. !

4. 已知x=43，ch='A'，y=0，则表达式(x>=y&&ch<'B'&&!y)的值是（　　）。

   A. 0　　B. 语法错　　C. 1　　D. "假"

5. 在C语言程序中，表达式5%2的结果是（　　）。

   A. 0　　B. 1　　C. 2　　D. 2.5

二、填空题

1. C语言中用________表示逻辑值“真”，用________表示逻辑值“假”。

2. 表示“整数x的绝对值大于5”时值为“真”的C语言表达式是________。

3. 将下列运算符按优先级由高到低进行排序：______________。

+ % ! = && >= || != ?:

三、程序题

1. 从键盘输入一个整数，打印出它是奇数还是偶数。

2. 输入3个数，将其中最小数输出。

中级题

一、选择题

1. 已知 int x=10，y=20，z=30，以下语句执行后x、y、z的值是（　　）。

```
if(x>y)
{z=x;x=y;y=z;}
```

A. x=10,y=20,z=30　　B. x=20,y=30,z=30

C. x=20,y=30,z=10　　D. x=20,y=30,z=20

2. 已有定义：int x=1, y=2, z=3; 则表达式 !(x+y) && z−1|| y+ z/2的值是（　　）。

A. 3　　B. 2　　C. 1　　D. 0

3. 判断char型变量cl是否为小写字母的正确表达式是（　　）。

A. 'a'<=cl<='z'　　B. (cl>=a)&&(cl<=z)

C. ('a'>=cl)||('z'<=cl)　　D. (cl>='a')&&(cl<='z')

4. 下列关系表达式中结果为0的是（　　）。

A. 1!=2　　B. 3<=4　　C. (a=3+4)==2　　D. x=(1+1)==2

5. 已知 int x=2，y=3，z=4，下列表达式中值为0的是（　　）。

A. x && y　　B. x<=y

C. x && x−y>y || x+y>z　　D. !(x+y)&&x>=z ||(x+y<z)

二、填空题

1. 能正确表示a的范围“5≤a≤10”的C语言表达式是______________。

2. 能正确表示逻辑关系“a≥10或a≤0”的C语言表达式是____________。

3. 当int m=3，n=4，p=5，q=6时，执行下面程序后，x的值是__________。

```
if(m<n)
  if(p>q)
   x=1;
  else
   if(m>p)
      if(n>q)
         x=3;
    else
      x=4;
```

```
    else
      x=5;
  else
    x=6;
```

4. 当int m=3，n=4，p=5，q=6时，执行下面程序后，x的值是______________。

```
  if(m<n)
    if(p>q)
     x=1;
    else
     if(m<p)
        if(n>q)
           x=3;
        else
           x=4;
    else
      x=5;
  else
    x=6;
```

三、程序题

1. 有一个函数：

$$y=\begin{cases} x+1, & (x<0) \\ 3x-2, & (0\leqslant x<100) \\ 4x-11, & (x\geqslant 100) \end{cases}$$

编写程序，输入x的值，输出对应的y值。

2. 编写程序，用if语句实现以下功能。

给出一个百分制成绩输出成绩等级。计算规则如下：

成绩在90分以上，包括90分，等级为“优秀”；

成绩在80分以上90分以下，包括80分，等级为“良好”；

成绩在70分以上80分以下，包括70分，等级为“中等”；

成绩在60分以上70分以下，包括60分，等级为“及格”；

成绩在60分以下，等级为“不及格”。

高级题

一、选择题

1. 当x的取值在(1,100)或[200,300]范围内为真，否则为假，以下选项中表达式正确的是（　　）。

A. x>=1 && x<=100 || x>=200 || x<=300

B. x>1 && x<100 || x>=200 && x<=300

C. x>1 || x<=100 && x>=200 || x<=300

D. x>=1 && x<=100 && x>=200 && x<=300

2. 设有：int a=1，b=2，c=3，d=4，m=2，n=2，执行(m=a>b)&&(n=c>d)后n的值是（　　）。

A. 0　　B. 2　　C. 3　　D. 4

3. 以下不正确的if语句形式是（　　）。

A. if(x>y&&x!=y);

B. if(x==y) x+=y;

C. if(x!=y) scanf("%d",&x) else scanf("%d",&y)

D. if(x<y) {x++;y++;}

4. 已知 int x=10，y=20，z=30，以下语句执行后x、y、z的值是（　　）。

```
if(x>y)
z=x;x=y;y=z;
```

A. x=10,y=20,z=30　　B. x=20,y=30,z=30

C. x=20,y=30,z=10　　D. x=20,y=30,z=20

二、填空题

1. 若运行时，x输入10，则以下程序运行结果是________________。

```
int x,y;
scanf("%d",&x);
y=x>10?x+2:x-2;
printf("y=%d\n",y);
```

2. 若运行时，x输入12，则以下程序运行结果是______________。

```
int x,y;
scanf("%d",&x);
y=x>10?x+2:x-2;
printf("y=%d\n",y);
```

3. 以下程序运行后，x=______，y=______，z=______。

```
int x=1, y=2, z=0;
switch(x)
{
   case 0:y++;
   case 1:z++;
   case 2:x++; y++; z++;
}
printf("x=%d,y=%d,z=%d\n",x,y,z);
```

三、程序题

1. 某市不同车牌的出租车3千米的起步价和计费分别为：夏利7元，3千米以外1.9元/千米；富康8元，3千米以外2.2元/千米；桑塔纳9元，3千米以外2.5元/千米。从键盘输入乘车的车型及行程千米数，输出应付的车费。

2. 编写程序，用switch语句实现以下功能。

给出一个百分制成绩输出成绩等级。计算规则如下：

成绩在90分以上，包括90分，等级为“优秀”；

成绩在80分以上90分以下，包括80分，等级为“良好”；

成绩在70分以上80分以下，包括70分，等级为“中等”；

成绩在60分以上70分以下，包括60分，等级为“及格”；

成绩在60分以下，等级为“不及格”。

第5章 循环结构程序设计

循环结构是结构化程序设计的基本结构之一，它与顺序结构、选择结构一起构成各种复杂程序的基础。因此掌握循环结构的概念及其使用是程序设计的最基本要求。

循环是指在一定条件下对同一个程序段重复执行若干次。循环结构又称重复结构，凡是规律性、重复性的运算等操作，都要用到循环结构。几乎所有实用的程序都包含循环。

C语言的循环结构用循环语句实现。共有3种类型的循环语句：while语句、do…while语句和for 语句。本章重点讲述这3种语句的形式、功能及其使用，能用这3个语句编写循环结构程序。

任务10　销售衣服价格统计

任务描述

本任务设计完成一个销售衣服价格统计程序。程序运行后，提示输入衣服价格，待用户输入后，循环提示用户输入下一件衣服价格。每次用户输入后判定输入的价格是否为0，如果价格为0，则结束循环并输出销售衣服的件数以及衣服总价，否则继续提示用户输入衣服价格。

知识准备

一、循环结构程序设计思想

在许多实际问题中会遇到具有规律性的重复运算或者重复操作的内容，因此就需要在程序中将某些语句重复执行，这些语句称为循环体。每重复一次都必须做出是继续重复还是停止重复的决定，这个决定所依据的条件称为循环继续的条件。循环体与循环继续的条件一起构成所谓的循环结构。例如，求1～100的累计和。根据已有的知识，虽然可以用“1+2+3+…+100”求解，但显然很烦琐。进一步，如果要求“1+2+3+…+10000”的累计和呢?

现在不妨换个思路来考虑“1+2+3+…+100”的累加和。首先设置一个累加和变量sum，其初值为0，利用sum=sum+n进行计算（n依次取1，2，…，100），n为循环控制变量，用于控制循环的次数（即构成循环继续的条件）。

从上述问题解决可以看出，循环结构程序的设计要考虑两个方面：

（1）循环继续的条件。循环继续的条件是循环结构设计的关键，它决定着循环体重复执行的次数。通常可以利用关系表达式和逻辑表达式进行构成。

(2) 循环体。循环体是需要重复执行的语句。它可以是顺序结构语句，也可以是选择结构语句，甚至可以是循环结构语句。

循环结构程序设计就是要正确描述循环继续的条件并针对问题分析出其规律性，利用循环控制语句进行处理。

二、while 语句介绍

while语句用来实现“当型”循环结构。其一般形式为：

```
while(表达式)
{
  循环体语句
}
```

while语句的流程图如图5-1所示。

执行过程：while语句执行时，首先计算表达式（循环继续的条件）的值，若表达式为非0（真），则执行循环体语句，然后再计算表达式的值，只要不为0，继续执行循环体语句，如此重复，直到表达式的值为0（假）为止，流程控制转到循环结构的下一条语句。

三、do…while 语句介绍

do…while语句的一般形式：

```
do
{
  循环体语句
}while(表达式);
```

do…while语句流程如图5-2所示。

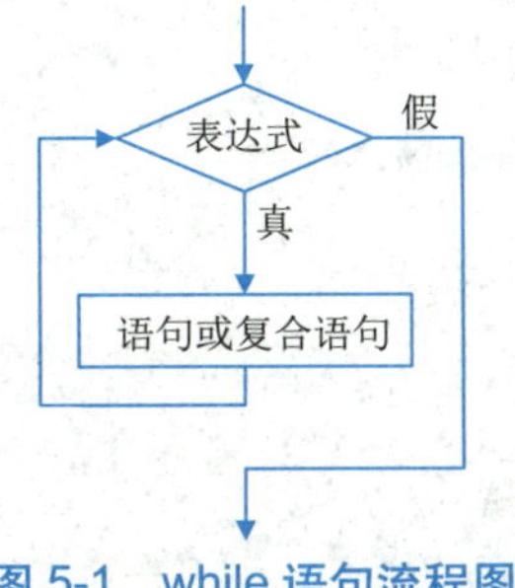

图 5-1　while 语句流程图

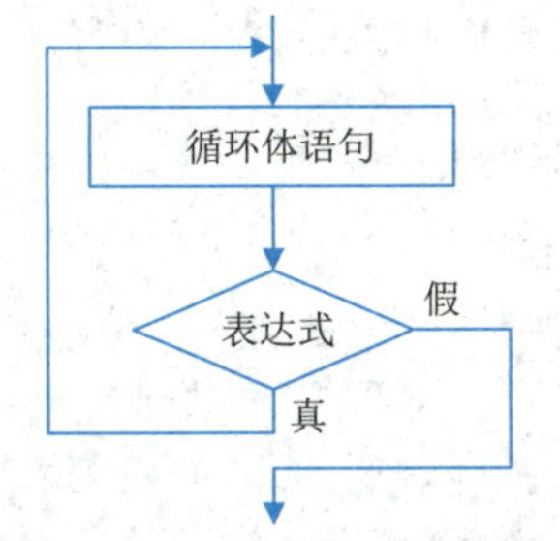

图 5-2　do…while 语句流程图

执行过程：先执行循环体中的语句，然后判断while表达式的值，只要不为0，继续执行循环体中的语句，如此重复，直到表达式的值为0为止，流程控制转到循环结构的下一条语句。

四、while 语句与 do…while 语句的特点及使用注意事项

while语句的特点：先判断表达式，后执行语句，循环体语句至少执行0次；do…while语句的特点：先执行一次循环体语句，后判断表达式，循环体语句至少执行1次；这是while语句与do…while语句的本质区别。

while与do…while语句中的循环体语句又称循环体，它既可以是简单语句也可以是复合语句。

循环体内一定要有改变循环继续条件的语句，使循环趋向于结束，否则循环将无限进行下去，造成“死循环”。

为使循环能正确地开始运行，还要做好循环前的准备工作，就是进行循环变量初始化，使其有初值。

知识应用

（1）用while语句实现从键盘依次输入学生的C语言成绩，当输入-1时，停止输入，输出学生人数及平均成绩。

分析：

① “当输入-1时，停止输入”，不等于-1时，输入学生成绩（循环条件）。很容易想到“当型”循环，凡程序题意描述中出现此类字样均可考虑用“当型”循环解决。

② 若输出学生人数，就要设置一个变量，输入一个学生成绩，变量增1。

③ 平均成绩＝总成绩/学生人数，因此要对输入的成绩进行累加，需设置累加和变量，其初值应清零。

用while语句编写的程序如下：

```
#include <stdio.h>
main()
{
   int n;
   float sum,score,average;
   n=0;
   sum=0;
   printf("请输入学生成绩：\n");
   scanf("%f",&score);
   while(score!=-1)                    /*输入-1时，循环结束*/
   {
      n++;                             /*记录学生人数*/
      sum=sum+score;                   /*成绩累加*/
      scanf("%f",&score);
   }
   average=sum/n;                      /*求平均成绩*/
   printf("学生人数是%d，平均成绩是：%.2f\n",n,average);
}
```

（2）用do…while实现提款机密码验证功能。

分析：

① 在银行自助提款机上取钱时，输入密码只给3次机会，如果输入密码正确，则提示“密码正确，请取款！”；如果3次输入密码都不正确，则提示“密码错误，请取卡！”。对于密码是否正确的判断需要进行3次，至少执行1次，因此选择do…while循环语句实现。

② 本程序假设密码为“123”，如果输入密码为“123”，则提示“密码正确，请取款！”，否

则提示“密码错误，请取卡！”。

```
#include <stdio.h>
main()
{
   long pw;
   int i=0;
   int temp=0;
   do
   {
      printf("请输入密码：");
      scanf("%ld",&pw);
      i++;
      if(pw==123)            /*判断密码是否为123*/
      {
         temp=1;             /*密码输入正确时，temp值变为1*/
         break;
      }
   }while(i<3);
   if(temp==1)
      printf("密码正确，请取款！\n");
   else
      printf("密码错误，请取卡！\n");
}
```

任务实施

一、任务流程分解

流程描述：程序开始，提示用户输入第1件衣服价格，待用户输入后循环提示用户输入下一件衣服价格，每次用户输入后判定输入的价格是否为0；如果输入为0，则结束循环并输出销售衣服的件数以及衣服总价，否则继续提示用户输入衣服价格。

（1）程序初始化分析：初始化变量，提示用户输入第1件衣服价格。

（2）数据录入分析：记录用户每次输入的衣服价格。

（3）数据处理分析：判断每次用户输入的价格是否为0，累加用户输入的衣服价格。

（4）输出结果分析：输出衣服的件数和衣服的总价。

二、代码实现

视频

计算销售商品总和

```
#include <stdio.h>
main()
{
   int count,num,total;
   count=1;                          /*用count记录衣服的件数*/
   total=0;                          /*total记录衣服的总价*/
   printf("请输入第1件衣服价格（元）：");
   scanf("%d",&num);
   while(num!=0)                     /*输入0时，循环结束*/
   {
```

```
        total=total+num;           /* 衣服价格累加 */
        count++;                   /* 衣服件数增 1*/
        printf("请输入第 %d 件衣服价格（元）: ",count);
        scanf("%d",&num);
    }
    /* 最后一件衣服的价格输入为 0，是循环结束条件，因此衣服的实际件数为 count-1 */
    printf("今天累计销售衣服 %d 件，总价为: %d 元 \n",count-1,total);
}
```

三、结果演示

输入5件衣服的价格，输出累计销售衣服的件数以及总价格的结果，程序结果演示如图5-3（a）所示。

输入0件衣服的价格，输出累计销售衣服的件数以及总价格的结果，程序结果演示如图5-3（b）所示。

```
请输入第1件衣服价格（元）：243
请输入第2件衣服价格（元）：312
请输入第3件衣服价格（元）：536
请输入第4件衣服价格（元）：321
请输入第5件衣服价格（元）：548
请输入第6件衣服价格（元）：0
今天累计销售衣服5件，总价为：1960元
```

（a）

```
请输入第1件衣服价格（元）：0
今天累计销售衣服0件，总价为：0元
```

（b）

图 5-3　演示结果界面

任务 11　警察抓逃犯

任务描述

本任务设计完成一个简单的警察抓逃犯的程序。一天夜里，一司机撞伤行人之后逃跑，经交警调查后，有4名目击者，但是他们都没有看清楚车牌号码，只有一些模糊记忆。

甲说："车牌号的后两位相同"。

乙说："车牌号是4位数"。

丙说："车牌号的前两位加起来为8"。

丁说："车牌号尾号是偶数，第一位不是0"。

请编写程序确定车牌范围，帮助交警抓逃犯。

知识准备

C语言中的for语句使用最为灵活，它不仅可以用于循环次数已经确定的情况，而且可用于循环次数不确定而只给出循环结束条件的情况，它完全可以代替while语句和do…while语句。

一、for 语句的一般形式

```
for(表达式1; 表达式2; 表达式3)
    循环体语句
```

例如：

```
for(i=1;i<=100;i++)            /*1 ~ 100 的累加 */
sum=sum+i;
```

二、for 语句流程图及其执行过程

执行for语句时，首先执行表达式1，然后计算表达式2的值，若表达式2的值非0，则执行循环体语句，接着执行表达式3，再计算表达式2，并判断表达式2的值是否非0，若非0，接着执行循环体语句，如此循环下去，直到表达式2的值为0时，循环结束，流程控制转到循环结构的下一语句，如图5-4所示。

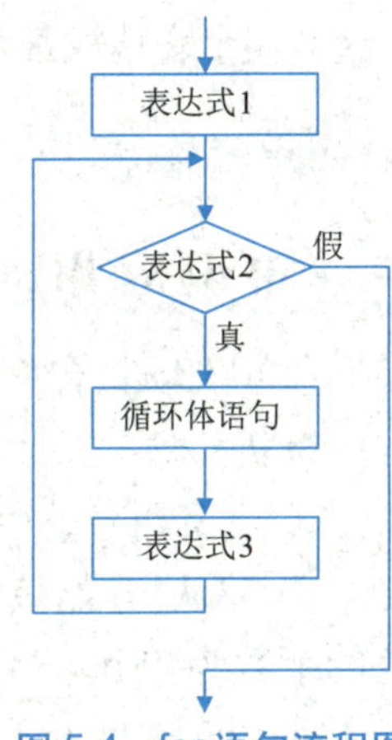

图 5-4 for 语句流程图

三、for 语句使用注意事项

（1）for语句中，表达式1通常为赋值表达式，也可以是逗号表达式，一般为循环变量赋初值，仅执行一次；表达式2通常是关系或逻辑表达式，有时也可以是数值表达式或者字符表达式，用来作为循环继续的条件。表达式3通常为算术表达式或赋值表达式，使循环变量改变。

（2）循环体语句可以是单语句，也可以是复合语句。

（3）for语句中的3个表达式都能省略，但是分号必须保留。

① 表达式1省略，此时要注意应在for语句之前给循环变量赋初值。例如：

```
i=1;
for(;i<=100;i++)
{
  printf("%d",i);
}
```

② 表达式3省略，此时应注意循环体内应有改变循环变量值的语句结束循环。否则循环将无限进行下去。例如：

```
for(i=1;i<=100;)
{
  printf("%d",i);
  i++;
}
```

③ 表达式2省略，表示无条件循环，就是认为表达式2始终为真，此时可以在循环体内使用if语句和break语句相配合实现循环的结束。例如：

```
for(i=1;;i++)
{
```

```
    printf("%d",i);
    if(i>100) break;     /*break 语句用来结束循环结构，其作用后面会详细介绍 */
  }
```

④ 表达式1和表达式3省略，即只给出了循环条件，这种情况下，for语句完全等同于while语句。例如：

```
i=1;                                i=1;
for(;i<=100;)                       while(i<=100)
{                                   {
   printf("%d",i);                     printf("%d",i);
   i++;                                i++;
}                                   }
```

⑤ 3个表达式都可省略。例如：

```
for(;;)
```

知识应用

（1）农场里有鸡和兔，已知鸡和兔一共有40只，脚一共有100只，请统计鸡兔各有多少只。

分析：

① 定义两个整型变量ji、tu分别表示鸡和兔的个数。

② 鸡从1开始最多到39只，即ji的取值范围为1～39，用for语句实现；鸡兔共有40只，那么兔的个数为40-ji。

③ 每只鸡2只脚，每只兔4只脚，需要满足共有100只脚的条件，用if语句判断ji*2+tu*4==100。条件成立输出鸡和兔的只数。

```
#include <stdio.h>
main()
{
  intji,tu;
  for(ji=1;ji<=39;ji++)                 /*ji 的取值范围为 1 ~ 39*/
  {
    tu=40-ji;
    if(2*ji+4*tu==100)                  /* 满足脚有 100 只条件时，输出鸡兔的个数 */
       printf(" 鸡 %d 只， 兔 %d 只 \n",ji,tu);
  }
}
```

（2）某校组织学生参加夏令营，共计15天，共计行程414 km。已知同学们晴天日行32 km，雨天日行21 km。编写程序，计算整个夏令营期间，雨天、晴天各多少天。

分析：

① 定义两个整型变量qt、yt分别表示晴天数和雨天数。

② 晴天数从1开始最多到14天，即qt的取值范围为1～14，用for语句实现；夏令营共计15天，那么雨天数为15-qt。

③ 晴天日行32 km，雨天日行21 km，共计行程414 km。用if语句判断qt*32+yt*21==414。条件成立输出晴天和雨天的天数。

```
#include <stdio.h>
main()
{
   int qt,yt;
   for(qt=1;qt<=14;qt++)              /* 晴天取值范围为 1 ~ 14*/
   {
     yt=15-qt;
     if(qt*32+yt*21==414)             /* 满足共计行程 414 时，输出晴天和雨天天数 */
        printf(" 晴天：%d 天，雨天：%d 天 \n",qt,yt);
   }
}
```

任务实施

一、任务流程分解

流程描述：首先，车牌号是四位数，车牌范围应为1 000～9 999；然后，假设车牌四位数分别为q、b、s、g，那么车牌的后两位相同，即s==g；车牌的前两位相加为8，即q+b==8；车牌尾号为偶数，即车牌可以被2整除。

（1）程序初始化分析：设定for循环条件，chepai循环条件初始值为1 000，结束值为9 999。

（2）数据处理分析：q=chepai/1000; b=chepai/100%10;s=chepai/10%10;g=chepai%10。

用if语句进行判断，是否满足s==g &&q+b==8 && chepai%2==0条件。

（3）输出结果分析：输出车牌的可能值。

二、代码实现

```
#include <stdio.h>
main()
{
   int chepai,q=0,b=0,s=0,g=0;
   for(chepai=1000;chepai<=9999;chepai++)
   {
     q=chepai/1000;                      /* 计算 4 位车牌的千位 */
     b=chepai/100%10;                    /* 计算 4 位车牌的百位 */
     s=chepai/10%10;                     /* 计算 4 位车牌的十位 */
     g=chepai%10;                        /* 计算 4 位车牌的个位 */
     if(s==g&&q+b==8&&chepai%2==0)       /* 判断满足目击证人的条件，输出车牌 */
        printf("%d\t",chepai);
   }
}
```

视频

警察抓逃犯

三、结果演示

根据已知条件判断所有可能，逐一输出符合条件的可能的结果，程序结果演示如图5-5所示。

```
1700    1722    1744    1766    1788    2600    2622    2644    2666
2688    3500    3522    3544    3566    3588    4400    4422    4444
4466    4488    5300    5322    5344    5366    5388    6200    6222
6244    6266    6288    7100    7122    7144    7166    7188    8000
8022    8044    8066    8088
```

图 5-5 演示结果界面

任务 12 水 仙 花 数

任务描述

打印出所有的“水仙花数”。所谓“水仙花数”，是指一个3位数，其个位、十位和百位数字的立方和等于该数本身。例如，153就是一水仙花数，因为$153=1^3+5^3+3^3$。程序通过嵌套的for循环分别控制个位、十位及百位数的增长，在最内层循环体中判断是否符合水仙花数的条件，符合即打印出结果。

知识准备

一、循环嵌套的定义

在实际问题中，使用单层循环结构往往无法实现复杂的问题，需要用两层或多层循环结构才能解决。在一个循环体内包含另一个循环结构，称为循环的嵌套。三种循环不仅可以自身嵌套，还可以相互嵌套。

二、循环嵌套的形式

循环嵌套有如下9种形式。

(1)

```
while(e1)
{
   …
   while(e2)
   {s}
  …
}
```

(2)

```
while(e1)
{
   …
   do
   {s}while(e2);
   …
}
```

(3)

```
while(e1)
{
   …
   for(e2;e3;e4)
   {s}
   …
}
```

(4)

```
do
{
   …
   do
   {s}while(e2);
   …
}while(e1);
```

(5)

```
do
{
   …
   while(e2)
   {s}
   …
}while(e1);
```

(6)

```
do
{
   …
   for(e2;e3;e4)
   {s}
   …
}while(e1);
```

(7)

```
for(e1;e2;e3)
{
  …
  for(e4;e5;e6)
  {s}
  …
}
```

(8)

```
for(e1;e2;e3)
{
  …
  while(e4)
  {s}
  …
}
```

(9)

```
for(e1;e2;e3)
{
  …
  do
  {s}while(e4);
  …
}
```

知识应用

(1) 全班有40名学生，每名学生考7门课。要求分别统计出每名学生的平均成绩。

分析：利用while循环控制学生人数为40人，循环体中利用for循环控制录入每名学生的各门课成绩，每次录入完成全部7门成绩后计算该名同学的成绩并输出，然后继续输入下一名同学的成绩。全部40名同学成绩输入完毕后，提示“成绩计算完毕！”

```
#include <stdio.h>
main()
{
   int i,j,score,sum;
   float aver;
   j=1;
   while(j<=40)
   {
      sum=0;
      for(i=1;i<=7;i++)
      {
         printf("输入第%d名同学的第%d门成绩:",j,i);
         scanf("%d",&score);
         sum=sum+score;
      }
      aver=sum/7;
      printf("第%d名同学的平均成绩为: %.2f\n",j,aver);
      j++;
   }
   printf("成绩计算完毕! ");
}
```

(2) 输出九九乘法表。

分析：定义两个整型变量i、j分别表示行数和列数，用双重循环控制i和j的变化，外层i的变化为1～9，内存j的变化为1～i；在内层循环中输出i、j及i*j；内层循环结束时输出换行符，外层循环结束即程序结束。

```
#include <stdio.h>
main()
{
```

```
    int i,j;
    for(i=1;i<=9;i++)            /* 用双重循环，控制 i、j 的变化 */
    {
       for(j=1;j<=i;j++)
          printf("%d*%d=%2d\t",j,i,i*j);   /* 输出 i、j、i*j*/
       printf("\n");              /* 每一行结束后，输出换行 */
    }
}
```

任务实施

一、任务流程分解

流程描述：

① 关于"水仙花"：中国水仙的原种为唐代从意大利引进，是法国多花水仙的变种。在中国已有一千多年栽培历史，经上千年的选育而成为世界水仙花中独树一帜的佳品，是中国十大传统名花之一。

② 程序功能：要求打印出所有的"水仙花数"。所谓"水仙花数"，是指一个3位数，其各位数字立方和等于该数本身。例如，153是一水仙花数，因为$153=1^3+5^3+3^3$。程序首先限定for循环条件：个位数从1到9循环，嵌套十位数从0到9循环，嵌套百位数从0到9循环，利用if语句判定个位、十位和百位立方之和是否等于这个三位数值，如果是则输出水仙花数，否则继续循环，直至循环从最内层到最外层结束。

（1）程序初始化分析：初始化for循环的个位、十位、百位数字。

（2）数据录入分析：由外向内逐层循环。

输出水仙花数

（3）数据处理分析：最内层循环体判断是否符合水仙花条件。

（4）输出结果分析：输出水仙花数。

二、知识扩展

（1）在循环嵌套时，要保证一个循环完全在另一个循环之中，不能出现循环结构交叉。

（2）在循环嵌套执行过程中，要注意内部循环执行结束后，方可执行外部循环。

三、代码实现

```
#include <stdio.h>
main()
{
   int a,b,c;
   printf(" 水仙花数是 :\n");
   for(a=1;a<10;a++)
      for(b=0;b<10;b++)
         for(c=0;c<10;c++)
         {
            if(a*a*a+b*b*b+c*c*c==a*100+b*10+c)
               printf("%-5d\n",a*100+b*10+c);
         }
}
```

四、结果演示

输出“水仙花数”的结果，程序结果演示如图5-6所示。

```
水仙花数是:
153
370
371
407
```

图 5-6　演示结果界面

任务 13　猜　数　字

任务描述

本任务设计完成一个猜数字程序。程序运行后，按照提示信息，用户输入数字，该数字与系统随机产生数字（范围在1～999之间的随机数）进行比较，输出这两个数字的大小关系作为用户下次输入数据的提示信息；当用户输入数字与系统随机产生的数字相等时，即数字被猜对了，提示用户“恭喜你猜对了！”，并输出用户猜数字所用的时间。

知识准备

为了使循环控制更加灵活，C语言提供了两种无条件转移控制语句的——break语句、continue语句。无条件转移控制语句的主要作用是改变程序的运行流程。

一、break 语句的使用

（1）break语句格式：

```
break;
```

（2）break语句的功能：

① 用在switch语句中，使某个case子句执行后，控制立刻跳出switch结构。

② 用在循环语句的循环体中，可以从循环体内跳出循环体，提前结束该层循环，继续执行后面的语句。

（3）break语句使用注意事项：

① 在嵌套循环中，break语句仅能退出一层（当前）循环。

② 若在循环语句中包含了switch语句，那么switch语句中的break语句仅能使控制退出switch语句。

二、continue 语句的使用

（1）continue语句格式：

```
continue;
```

（2）continue语句的功能：

① continue语句仅能在循环语句中使用，它的作用是结束本次循环，而且开始一次新的循环。

② 对于for语句，将控制转到执行表达式3和条件测试部分。

③ 对于while和do…while语句，将控制转到条件测试部分。

（3）continue语句使用注意事项：

① continue语句只能用在循环结构，不能用在switch结构中。

② continue语句常用来和if语句配合使用，用来实现特定作用的循环。

三、break 语句与 continue 语句比较

（1）continue语句与break语句相似，它们均可以和if语句配合使用，用来实现特定作用的循环，但continue语句使用的频率要小得多。

（2）continue语句与break语句不同，continue语句只能结束本次循环，而不是跳出循环体，它跳出当前的这一次循环，马上进行下一次循环的判断（在while语句和do…while语句中，这意味着马上执行条件测试部分；在for语句中，程序执行方向转到增量步骤，也就是表达式3的位置）。而break语句则是结束整个循环过程，不再判断执行循环的条件是否成立。

知识应用

（1）分析程序运行结果，体会break语句的作用。

```
#include <stdio.h>
main()
{
   int i;
   for(i=0;i<=10;i++)
   {
     if(i%5==0)
        break;
     printf("%4d",i);
   }
}
```

（2）打印A ～Z这26个字母，然后只打印出M。

```
#include <stdio.h>
main()
{
   int ch=0;
   for(ch=65;ch<=90;ch++)
      printf("%c\t",ch);
   printf("\n\n");
   for(ch=65;ch<=90;ch++)
   {
      if(ch==77)
      {
```

```
            printf("%c\t",ch);
            break;
        }
    }
    printf("\n\n");
}
```

（3）分析程序运行结果，体会continue语句的作用。

```
#include <stdio.h>
main()
{
    int i;
    for(i=0;i<=10;i++)
    {
        if(i%5==0)
            continue;
        printf("%4d",i);
    }
}
```

（4）打印A ～Z这26个字母，然后在此基础上去掉Q。

```
#include <stdio.h>
main()
{
    int ch=0;
    for(ch=65;ch<=90;ch++)
        printf("%c\t",ch);
    printf("\n\n");
    for(ch=65;ch<=90;ch++)
    {
        if(ch==81)
            continue;
        printf("%c\t",ch);
    }
    printf("\n\n");
}
```

任务实施

一、任务流程分解

流程描述：开始游戏，程序自动产生要猜测的数字（范围在1～999之间的随机数），用户进行数字猜测，程序根据用户猜测，产生不同的应答，当猜测正确时，显示用户猜测数字所用的时间。

（1）程序初始化分析：记录当前时间，产生随机数。

（2）数据录入分析：用户录入猜测的数字。

（3）数据处理分析：产生随机数和猜测数字比较大小关系。

（4）输出结果分析。

结果1：随机数大于猜测数字，程序提示“太大了”。

结果2：随机数小于猜测数字，程序提示“太小了”。

结果3：随机数等于猜测数字，程序提示“恭喜你猜对了！你的用时为××s”。

二、知识扩展

1. 产生随机数 rand()

（1）引入头文件：

```
stdlib.h
```

（2）使用方式：

```
srand((unsigned)time(NULL));          /* 设置一次随机种子 */
num=rand();                           /* 产生一个 0 ~ 65 535 之间的随机数 */
```

使用rand()函数要先设置随机种子。

2. 时间记录 clock()：

视 频

猜数字

（1）引入头文件：

```
time.h
```

（2）使用方式：

```
clock();                              /* 产生一个毫秒为单位的数字。*/
```

从“开启这个程序进程”到“程序中调用clock()函数”时，之间的CPU时钟计时单元（clock tick）数，单位为毫秒（ms）。

三、代码实现

```
#include <stdio.h>
#include <stdlib.h>
#include <time.h>
main()
{
  printf("================================\n");
  printf(" ***** 欢迎使用猜数字软件 *****\n");
  printf("================================\n");
  printf("请问是否要进行猜数字游戏 (Y/N):");
  char ch;
  int num,ce,js;
  float fk,fe,fh;
  ch=getchar();
  if(ch=='Y'||ch=='y')
  {
    while(1)
    {
      printf("开始计时 \n");
      srand((unsigned)time(NULL));
      num=rand()%1000;
      fk=clock();
```

```
        while(1)
        {
          printf("请进行数字猜测 (1-1000): ");
          scanf("%d",&ce);
          if(ce>num)
            printf("太大了\n");
          if(ce<num)
            printf("太小了\n");
          if(ce==num)
          {
            fe=clock();
            fh=(fe-fk)/1000.0;
            printf("恭喜你猜对了! \n");
            printf("你的用时为%.4fs\n",fh);
            break;
          }
        }
        printf("按1重新进行游戏，按2退出游戏: ");
        scanf("%d",&js);
        if(js==2)
          break;
      }
    }
    else
      if(ch=='N'||ch=='n')
        printf("退出程序! \n");
      else
        printf("您的输入有误! \n");
}
```

四、结果演示

输入Y开始计时猜数字，随机猜测数字直到正确，输出所用时间，根据提示输入1重新开始猜数字游戏，程序结果演示如图5-7（a）所示。

输入N退出程序，程序结果演示如图5-7（b）所示。

输入其他内容，输出“您的输入有误”的结果，程序结果演示如图5-7（c）所示。

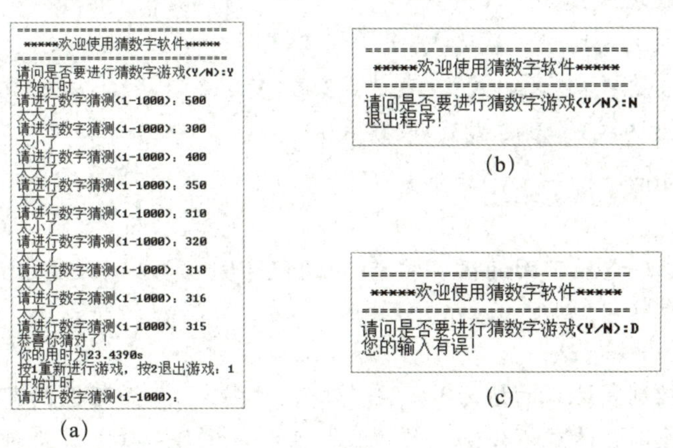

图 5-7　演示结果界面

小　结

本章重点内容为3种循环控制语句的使用及如何运用循环嵌套解决具有规律性重复运算或重复操作。利用3种流程控制语句（while、do…while、for）编写循环结构程序，其共同点是：3种循环都可以处理同一问题，一般可以互相代替；均可用break语句跳出循环，用continue语句结束本次循环；它们可以相互嵌套构成多重循环。其不同点是：while和for结构是先判定表达式，后执行循环，若条件不满足，则不执行循环体，而do…while结构是先执行循环语句，后判定表达式。在解决实际问题时，要根据问题的需要，选择适当的语句，以达到程序结构清晰、简洁、可读性强。

本章难点内容为break与continue的灵活运用。在使用时它们通常与if语句配合使用出现在循环结构程序中。两者的主要区别是：break语句可用于switch结构或者循环结构，而continue语句只能用在循环结构。在循环结构程序中break语句是结束整个循环过程，不再判断执行的循环条件是否成立，而continue语句只结束本次循环，而不是终止整个循环的执行。

练　习　题

一、选择题

1. 下面有关for循环的正确描述是（　　）。

   A. for循环只能用于循环次数已经确定的情况

   B. for循环是先执行循环体语句，后判定表达式

   C. 在for循环中，不能用break语句跳出循环体

   D. for循环体语句中，可以包含多条语句，但要用花括号括起来

2. 对于for(表达式1；；表达式3)可理解为（　　）。

   A. for（表达式1；0；表达式3）

   B. for（表达式1；1；表达式3）

   C. for（表达式1；表达式1；表达式3）

   D. for（表达式1；表达式3；表达式3）

3. 执行语句for(i=1;i++<4;)后变量i的值是（　　）。

   A. 3　　B. 4　　C. 5　　D. 不定

4. t为int类型，进入下面的循环之前，t的值为0，则以下叙述中正确的是（　　）。

```
while( t=l)
{…}
```

   A. 循环控制表达式的值为0　　B. 循环控制表达式的值为1

   C. 循环控制表达式不合法　　D. 以上说法都不对

二、填空题

1．如果循环无休止地进行下去，那么这种状态称为______。

2．在循环语句中，break语句的作用是____________。

3．在循环语句中，continue语句的作用是____________。

三、程序题

1．求s=12+22+32+…+92的值。

2．试编程求100以内的所有完全数（如果一个数除自身之外，恰好等于它的所有因子之和，则该数为完全数。例如，6=1+2+3，则6就是一个完全数）。

中级题

一、选择题

1．设有程序段

```
int k=4;
while(k=0)
   k=k-1;
```

则下面描述中正确的是（　　）。

A．循环体语句一次也不执行　　B．while循环执行5次

C．循环体语句执行一次　　D．循环是无限循环

2．下列运算符中结合方向与其他不同的是（　　）。

A．+=　　B．<=　　C．>　　D．+

3．已知int i=1;执行语句while(i++<4);后，变量i的值为（　　）。

A．3　　B．4　　C．5　　D．6

二、填空题

1．一个循环的循环体中嵌套有另一个循环称为______，一个循环外面仅包围一层循环称为______。

2．执行如下程序，k的值为______。

```
int k=3;
do
{
  k--;
} while(k<=0);
```

3．执行如下程序，k的值为 ______。

```
int k=3;
do
{
  k--;
} while (k>=0);
```

三、程序题

1. 编写程序，输出从公元1 000至2 000年所有闰年的年号。每输出3个年号换一行。判断公元年是否为闰年的条件是：

（1）公元年数如能被4整除，而不能被100整除，则是闰年。

（2）公元年数能被400整除也是闰年。

2. 利用for语句，编写程序，输出1~100能被4整除的数。

3. 编写程序，计算猴子吃桃问题。

有一群猴子，去摘了一堆桃子。商量之后决定每天吃剩余桃子的一半；当每天大家吃完桃子之后，有个贪心的小猴都会偷偷再吃一个桃子；按照这样的方式猴子们每天都快乐的吃着桃子；直到第十天，当大家再想吃桃子时，发现只剩下一个桃子了。

问：猴子一共摘了多少桃子？

一、选择题

1. C语言中while和do…while循环的主要区别是（　　）。

   A. do…while的循环体至少无条件执行一次

   B. while的循环控制条件比do…while的循环控制条件严格

   C. do…while允许从外部转到循环体内

   D. do…while的循环体不能是复合语句

2. 以下描述中正确的是（　　）。

   A. 由于do…while循环中循环体语句只能是一条可执行语句，所以循环体内不能使用复合语句

   B. do…while循环由do开始，用while结束，在while(表达式)后面不能写分号

   C. 在do…while循环体中，一定要有能使while后面表达式的值变为零（“假”）的操作

   D. do…while循环中，根据情况可以省略while

3. 执行以下程序后，k的值是（　　）。

```
int k=0,i,j;
  for(i=0; i<3; i++)
  {
    for(j=0; j<2; j++)
    {
      k=k+1;
    }
  }
```

   A. 3　　　　B. 4　　　　C. 5　　　　D. 6

二、填空题

1. 以下程序的功能是：计算1~10的奇数之和及偶数之和。

```
main()
{
    int a,b,c,i;
    a=0;
    c=0;
    for(i=0;i<=10;i+=2)
    {
      a+=i;
      __________________;
      c+=b;
    }
    printf("The sum of even number is %d\n",___________);    /* 输出偶数之和 */
    printf("The sum of odd number is %d\n",c-11);            /* 输出奇数之和 */
}
```

2. 下面程序的功能是输出100以内能被3整除且个位数为6的所有整数。

```
main()
{
    int i,j;
    for(i=0;____________;i++)
    {
        j=i*10+6;
        if(_____________)
          continue;
        printf("%3d",j);
    }
}
```

三、程序题

1. 编写程序，实现百马百担问题。

已知：有一百匹马，驮一百担货，大马驮3担，中马驮2担，两只小马驮1担；问有大、中、小马各几匹？

2. 编写程序，实现百鸡百钱问题。

已知：鸡翁一值钱五，鸡母一值钱三，鸡雏三值钱一。百钱买百鸡，问：鸡翁、鸡母、鸡雏各几何？

第6章 数 组

前面章节介绍了整型、字符型、实型等数据类型，可以满足基本的数据处理要求。在实际应用中，经常需要在程序中存储大量某种类型的数据，例如，如果编写一个程序，追踪一支篮球队的成绩，就要存储一个赛季的各场次分数和各个球员的得分，然后输出某个球员的赛季得分，或者在赛事进行中输出平均得分。可以利用前面所学知识编写一个程序，为每个分数使用不同的变量实现上述流程。然而，如果一个赛季里有非常多的赛事，实现起来会非常烦琐，因为每个球员都需要许多变量。分析上述情况，所有篮球分数的类型都相同，不同的是分值，但它们都是篮球赛的分数。理想情况下，应将这些分值组织在一个名称下，如以球员的名字命名，这样就不需要为每个数据项定义变量。上述问题可通过构造类型的数据实现。

C语言提供的构造类型数据有：数组类型、结构体类型、共用体类型，这些类型为解决现实中千变万化的数据问题提供了可能。本章介绍在C语言中如何定义和使用数组。

任务14 冬奥会金牌榜

任务描述

本任务设计完成一个冬奥会金牌榜程序。程序运行后，用户输入6个国家或地区的金牌数，用金牌数组存储输入的金牌数，利用冒泡排序算法，对金牌数进行排序，利用名次数组记录每个国家或地区的名次，完成排序后，输出每个国家或地区的名次。

知识准备

一、数组的概念及其理解

数组是有序数据的集合。数组中的每个元素都属于同一个数据类型。用一个统一的数组名和下标唯一地确定数组中的元素。

如果一个程序要对50、100甚至更多的变量数据进行处理，用定义变量的方式显然已经力不从心。生活中购买物品时，如果大量使用某个物品，一般会采用批发的购物方式，而在编程中，可以把数组理解为变量的批量定义和使用方式。

int a[100]表示批量定义了100个整型变量，这些变量用一个统一的数组名a以及100个下标来区分，因此这100个变量在C语言中称为“带下标的变量”或数组元素。

二、一维数组的定义

与简单变量一样，数组也必须先定义后使用。定义一维数组的形式为：

```
数据类型说明符  数组名 [ 常量表达式 ]
```

例如：

```
float b[50]
```

（1）数据类型说明符：定义了数组的数据类型。数组的数据类型也是数组中各个元素的数据类型。同一数组中，各个元素必须具有相同的数据类型。

（2）数组名：是用户定义的数组标识符，遵循标识符的命名规则。数组名是数组中第一个元素的首地址。

（3）常量表达式：方括号中的常量表达式表示批量定义了多少个变量，即数组的长度。

三、一维数组元素的引用

C语言规定只能逐个引用数组元素而不能一次引用整个数组。数组元素的表示形式：

```
数组名 [ 下标 ]
```

引用数组元素时，下标可以是任何整型常量、整型变量。

（1）定义数组时，方括号中常量表达式表示数组元素的个数。如a[5]表示数组a有5个元素。但下标是从0开始的，因此5个元素分别为a[0]、a[1]、a[2]、a[3]、a[4],在使用时，下标应是0～4，而不是1～5。

（2）定义数组时，可以是符号常量或常量表达式。

```
#define FD 5                          /* 定义符号常量 FD*/
int a[3+2];                           /* 用常量定义数组 a*/
float b[7+FD];                        /* 用符号常量定义数组 b*/
```

（3）允许在同一个类型说明中定义多个数组和多个变量。例如：

```
int a,b,c,d,k1[10],k2[20];
```

四、一维数组的机内表示

数组是一组有序的数据，在定义一个数组后，系统会在内存中分配一段连续的地址空间，按顺序在内存单元中存放数组的各个元素。就像宾馆安排同一批来的客人在相邻的房间住一样。例如：

```
int a[10];
```

数组a中的各个元素在内存中的存储顺序如图6-1所示。

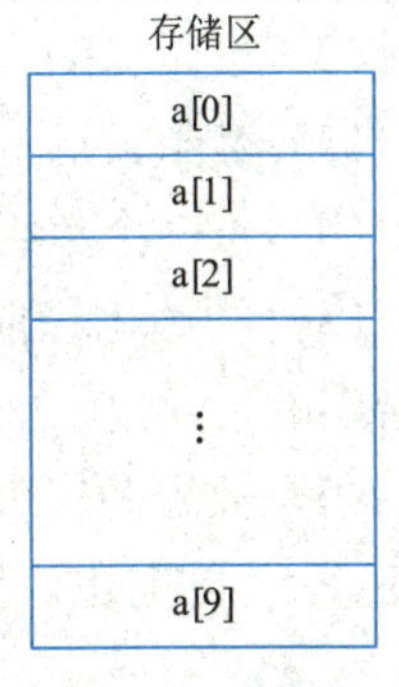

图 6-1　一维数组中元素在内存中的存储顺序

五、一维数组的初始化

1. 初始化数组

在定义数组时，对数组元素进行赋初值，称为初始化数组或数组的初始化。一般格式为：

```
数据类型说明符  数组名 [ 常量表达式 ]={ 初始值表 };
```

2. 对数组的全部元素赋值

（1）对数组的全部元素赋值，指定数组的长度。数组元素的初值依次放在一对花括号内，两个值之间用逗号分隔。例如：

```
int a[10]={0,1,2,3,4,5,6,7,8,9};
```

（2）对数组的全部元素赋值，不指定数组的长度。例如：

```
int a[]={0,1,2,3,4,5,6,7,8,9};
```

由于花括号中有10个值，系统自动定义数组a的长度为10，即有10个元素，结果与上例相同。

3. 对数组的部分元素赋值

例如：

```
int a[10]={87,35,12,54,60,58};
```

只给前面的6个数组元素a[0]～a[5]赋了初值，而后面4个没有赋初值的数组元素a[6]～a[9]则全部被自动初始化为0。结果是a[0]=87、a[1]=35、a[2]=12、a[3]=54、a[4]=60、a[5]=58、a[6]=0、a[7]=0、a[8]=0、a[9]=0。

六、数组的使用注意事项

（1）定义数组可以理解为定义了一批变量，这批变量的个数只能是常数，不能是变量。因此定义数组时，不能在方括号中用变量表示元素的个数。例如：

```
int n=5;                                /*定义变量n*/
int a[n];                               /*用变量n定义数组a*/
```

上面的程序用变量n表示数组a的元素个数是错误的；

（2）要定义的一批变量一定是同一个数据类型才可以定义为数组。

（3）数组最后一个元素的下标=数组长度-1，在使用时注意下标越界问题。

（4）每一个数组元素参加的运算和同类型的简单变量一样。

（5）初始化只能在定义的同时赋值，定义之后将数值放在花括号内给数组元素赋值的方式是错误的。

（6）数组名代表数组第一个元素的首地址，数组名放在“=”的左边，在含义上相当于常量放在“=”的左边。因此数组名放在“=”的左边是错误的。

知识应用

(1) 按序号显示各个国家或地区北京冬奥会金牌数。

分析：首先将国家或地区编号，然后按顺序输入对应国家或地区的金牌数，然后按照输入的顺序，输出各个国家或地区北京冬奥会金牌数，完成程序如下：

```
#include <stdio.h>
int main()
{
  int i;
  int jp[6];           /* 定义整型金牌数组 jp*/
  printf("\n\n 显示北京冬奥会各个国家或地区的金牌数 \n\n");
  for(i=0;i<6;i++)
  {
    printf(" 请输入按国家或地区名称字母顺序第 %d 个国家或地区的金牌数: ", i+1);
    scanf("%d", &jp[i]);
  }
  printf("\n\n 按国家或地区名称字母顺序显示各个国家或地区的金牌数 :\n\n");
  for(i=0;i<6;i++)
  {
    printf(" 按字母顺序第 %d 个国家或地区的金牌数是 :%4d 个 \n", i+1,jp[i]);
  /* 控制显示 jp 数组中的元素 */
  }
  printf("\n");
  return 0;
}
```

(2) 输入五名学生的数学成绩并打印。

分析：

① 数组定义的一批变量在数据的输入、处理、输出上一般都采用相同的方式。用循环结构实现批量处理。

② 常常利用循环变量和数组下标的关系进行数据的处理以及数据的输入/输出。循环变量i=0时，输入第一个学生的成绩，保存在a[0]中；i=1时，输入第二个学生的成绩，保存在a[1]中，……可见，这里循环变量i的值和数组下标的值是相等的关系。

③ 在使用上，一般计数从1开始，比如第1个学生的成绩是87分，第2个……，而下标计数是从0开始的，所以在使用输出语句时，下标变量的值加1，这样更符合使用习惯，但不是必需的。

程序如下：

```
#include <stdio.h>
main()
{
  int i,a[5];
  for(i=0;i<5;i++)
  {
    printf(" 请输入第 %d 个学生的数学成绩: (共 5 个)\n",i+1);
    scanf("%d",&a[i]);          /* 用输入函数输入 a[i] 的值 */
  }
```

```
    for(i=0;i<5;i++)
        printf("第%d个学生的成绩是: %d\n",i+1,a[i]);  /*用输出函数输出a[i]的值*/
}
```

任务实施

一、任务流程分解

流程描述：输入6个国家或地区金牌数，用数组存储各个国家或地区金牌数，通过排序程序完成金牌数排名。采用冒泡排序：

依次比较相邻的两个数，将大数放在前面，小数放在后面。即在第一趟首先比较第1个和第2个数，将大数放前，小数放后。然后比较第2个数和第3个数，将大数放前，小数放后，如此继续，直至比较最后两个数，将大数放前，小数放后。至此第一趟结束，将最小的数放到了最后。

在第二趟：仍从第一对数开始比较（因为可能由于第2个数和第3个数的交换，使得第1个数不再大于第2个数），将大数放前，小数放后，一直比较到倒数第二个数（倒数第一的位置上已经是最小的），第二趟结束，在倒数第二的位置上得到一个新的最小数（即整个数列中第二小的数）。

视频

冬奥会金牌榜

如此下去，重复以上过程，直至最终完成排序。

（1）程序初始化分析：定义金牌数组jp和名次数组mc。

（2）数据录入分析：用户输入6个国家或地区金牌数，数组依次存储用户输入的金牌数。

（3）数据处理分析：利用冒泡排序算法，对数组中的金牌数从高到低排序。

（4）输出结果分析：按金牌数从高到低排序输出。

二、代码实现

```
#include <stdio.h>
int main()
{
    int jp[6];
    int i;
    int t;
    int j;          //排序的趟数
    int mc[6];
    int flag=0;
    printf("\n\n显示北京冬奥会奖牌榜\n\n");
    for(i=0;i<6;i++)
    {
        printf("请输入按国家或地区名称字母顺序第%d个国家或地区的金牌数: ", i+1);
        scanf("%d", &jp[i]);
    }

    /*冒泡算法*/
    for(j=0;j<5;j++)                                /*冒泡的趟数   */
    {
```

```
      flag=0;
      for(i=0;i<5-j;i++)                    /* 每次冒泡比较的次数 */
      {
         if(jp[i]<jp[i+1])                  /* 如果不符合排序规则，则交换相邻的两个元素 */
         {
            t=jp[i];
            jp[i]=jp[i+1];
            jp[i+1]=t;
            flag++;
         }
      }
      if(flag==0)
      {
         break;
      }
   }
   for(i=0;i<6;i++)
   {
      mc[i]=i+1;
   }
   for(i=1;i<6;i++)
   {
      if(jp[i-1]==jp[i])
         mc[i]=mc[i-1];
   }
   for(i=0;i<6;i++)
      printf("第%d名  金牌数%d \n",mc[i],jp[i]);
return 0;
}
```

三、结果演示

按国家或地区名称字符顺序输入6个国家或地区的金牌数，排序后，输出第1名至第6名的成绩，程序结果演示如图6-2所示。

```
显示北京冬奥会金牌榜

请输入按国家或地区名称字母顺序第1个国家或地区的金牌数：6
请输入按国家或地区名称字母顺序第2个国家或地区的金牌数：9
请输入按国家或地区名称字母顺序第3个国家或地区的金牌数：4
请输入按国家或地区名称字母顺序第4个国家或地区的金牌数：3
请输入按国家或地区名称字母顺序第5个国家或地区的金牌数：11
请输入按国家或地区名称字母顺序第6个国家或地区的金牌数：16
第1名   金牌数16
第2名   金牌数11
第3名   金牌数9
第4名   金牌数6
第5名   金牌数4
第6名   金牌数3
```

图6-2　演示结果界面

任务15　地图定位

任务描述

本任务设计完成一个简单的地图定位程序。程序运行后，显示“10×10地图”，然后提示用户输入要查找的数字，查找完毕后，输出数字在地图中的行列位置，否则输出查找失败。

知识准备

前面介绍的数组只有一个下标，称为一维数组。有两个下标的数组称为二维数组，有多个下标的数组称为多维数组。

一、二维数组的定义

二维数组的一般形式为：

```
数据类型说明符  数组名 [常量表达式1] [常量表达式2]
```

[常量表达式1]：表示第一维（行）下标的长度。

[常量表达式2]：表示第二维（列）下标的长度。

例如：

```
int a [3][4],b[5][10];
```

定义了a为3×4（3行4列）的数组，b为5×10（5行10列）的数组。注意第一维下标、第二维下标都是从0开始计算的。

二、二维数组的机内表示

二维数组中的各个元素在机内是按行的顺序存放的，即先存放第一行的元素，再存放第二行的元素，依此类推。例如，int a[2][3];，a数组中的各个元素在内存中的存储顺序如图6-3所示。

存储区
a[0][0]
a[0][1]
a[0][2]
a[1][0]
a[1][1]
a[1][2]
…

图6-3　二维数组中元素在内存中的存储顺序

三、多维数组的定义

多维数组的一般形式为：

```
数据类型说明符  数组名 [常量表达式1] [常量表达式2]…[常量表达式n]
```

[常量表达式1]：表示第一维下标的长度。

[常量表达式2]：表示第二维下标的长度。

…

[常量表达式n]：表示第n维下标的长度。

例如：

```
int a[2][2][3];
```

定义了一个三维数组a，它由2×2×3=12个元素组成。即：

```
a[0][0][0]  a[0][0][1]  a[0][0][2]
a[0][1][0]  a[0][1][1]  a[0][1][2]
a[1][0][0]  a[1][0][1]  a[1][0][2]
a[1][1][0]  a[1][1][1]  a[1][1][2]
```

四、二维数组的初始化

（1）分行给二维数组赋初值。

```
int b[3][4]={{1,2,3,4},{5,6,7,8},{9,10,11,12}};
```

第一对花括号内的数值赋给数组b第一行的元素，第二对花括号内的数值赋给数组第二行的元素，依次类推。

（2）把所有数据写在一对花括号内。

```
int b[3][4]={1,2,3,4,5,6,7,8,9,10,11,12};
```

系统根据下标自动给每个元素赋值，但这种方法不如第一种方法直观。

（3）只对二维数组的部分元素赋初值。

例如：

```
int b[3][4]={{1},{2},{3}};
```

第一行只给第一个元素赋值，即b[0][0]的值为1；第二行也只给第一个元素赋值，即b[1][0]的值为2；第三行也只给第一个元素赋值，即b[2][0]的值为3；其他没有赋值的元素值都为0。

例如：

```
int b[3][4]={{1},{2,3}};
```

第一行只给第一个元素赋值，即b[0][0]的值为1；第二行也只给前两个元素赋值，即b[1][0]的值为2，b[1][1]的值为3；其他没有赋值的元素值为0。

（4）如果对二维数组的全部元素赋初值，则定义二维数组时，第一维的长度可以省略，但第二维的长度不能省略。例如：

```
int b[3][4]={{1,2,3,4},{5,6,7,8},{9,10,11,12}};
```

可以写成：

```
int b[][4]={{1,2,3,4},{5,6,7,8}, {9,10,11,12}};
```

系统会自动计算出数组第一维的长度，然后进行赋值。

五、二维数组的使用注意事项

（1）二维数组元素的使用是通过双下标实现的：数组名[下标1][下标2]。

（2）可以把二维数组看作一种特殊的一维数组，这个一维数组中的每一个元素又是一个一维数组。

（3）数组元素通常是按行和列对应下标1和下标2的，利用双重for循环，可以简单、方便地完成二维数组元素的输入和输出。

（4）二维数组元素的下标可以是任何整型常量、整型变量。

（5）如果二维数组第一维的长度为n，第二维的长度为m，则引用该二维数组的元素时，第一个下标的范围为0～(n-1)，第二个下标的范围为0～(m-1)。

（6）二维数组在处理具体问题时，其双下标的变化尤其复杂。在使用循环变量或含循环变量的表达式做下标时，应做双重循环验证下标应用的正确性，以免出现意想不到的结果。

知识应用

（1）2022年北京冬奥会前6名奖牌榜如图6-4所示。请编一个程序将表格的数据存储在数组中，并能根据序号查询出某个国家或地区的金银铜牌和奖牌总数。

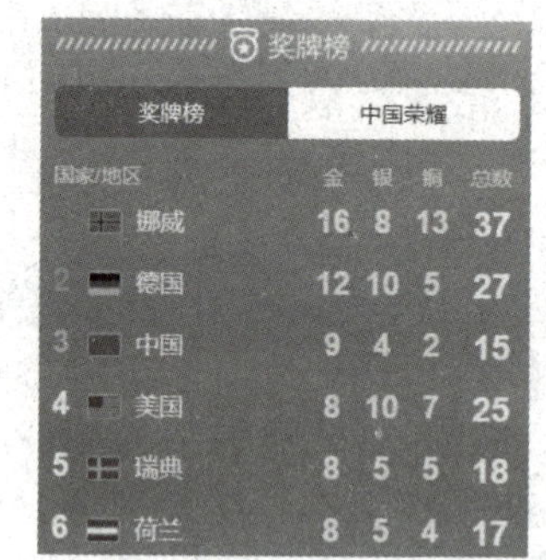

奖牌榜

奖牌榜 中国荣耀

	国家/地区	金	银	铜	总数
	挪威	16	8	13	37
2	德国	12	10	5	27
3	中国	9	4	2	15
4	美国	8	10	7	25
5	瑞典	8	5	5	18
6	荷兰	8	5	4	17

图 6-4　2022 年冬奥会部分实时奖牌榜

分析：

① 该表数据为6行5列，可将它们放在一个6×5的二维数组中。

② 二维数组中的下标变量不仅有行的变化，还有列的变化。因此，输入数据时必须使用双重循环控制下标的变化，外循环变量i控制行数，即各个国家或地区；内循环变量j控制列数，即相应一个国家或地区获得的金银铜牌数量和奖牌数。

③ 先输入序号再输入金银铜牌数量，将每一行每一列的数据逐个送入数组中。

④ 查询记录，以每一行的序号为关键字，即以行为单位从头到尾查找，当找到要查询的序号时，即可查到相应的金额。

```
#include <stdio.h>
int main()
{
  int jps[6][5], i, j, num;
  printf("请按国家或地区名称顺序输入国家或地区的金银铜牌数量，用空格和回车分隔：\n");
  for(i=0;i<6;i++)
  {
    jps[i][0]=i+1;                    /*第0列存储国家或地区的序号*/
    for(j=1;j<4;j++)
      scanf("%d", &jps[i][j]);        /*第1~3列存储输入的金银铜牌数*/
    jps[i][4]=jps[i][1]+jps[i][2]+jps[i][3];/*计算奖牌数*/
  }
  printf("要查询国家或地区的序号是：");
  scanf("%d", &num);
  for(i=0;i<6;i++)
    if(jps[i][0]==num)
      printf("获得：\t金牌%d，银牌%d，铜牌%d，奖牌数是%d\n", jps[i][1], jps[i]
[2], jps[i][3], jps[i][4]);
  return 0;
}
```

（2）在屏幕上显示九九乘法表。

分析：九九乘法表中的数值可以用一个二维表格来表示，这样可以利用二维数组存放表格中的数据，用下标分别表示行号和列号。

```
#include <stdio.h>
main()
{
   int i,j,a[9][9];
   for(i=0;i<9;i++)
      for(j=0;j<=i;j++)
         a[i][j]=(i+1)*(j+1);                    /* 计算乘法表各项值 */
   for(i=0;i<9;i++)
   {
      for(j=0;j<=i;j++)
        printf("%d*%d=%d  ",i+1,j+1,a[i][j]);
      printf("\n");                              /* 输出一行后换行 */
   }
}
```

任务实施

一、任务流程分解

流程描述：程序初始化一个二维数组作为“地图”，用双重循环实现输出地图，显示在屏幕上。然后提示用户输入要查找的内容，利用双重for循环遍历二维数组，将输入数字与地图中的数字逐一比对，如果匹配，输出查找内容的地图坐标（行列下标），否则，输出没找到。

（1）程序初始化分析：初始化二维数组作为“地图”的内容，利用双重循环输出地图。

（2）数据录入分析：用户输入要查找的内容。

（3）数据处理分析：利用双重循环将输入数字与地图中的数字逐一比对。

（4）输出结果分析。

结果1：找到查找内容，输出该数字的行列位置。

结果2：没有找到查找内容，输出查找失败。

二、代码实现

视频

地图定位

```
#include <stdio.h>
main()
{
   int a[10][10];
   int i,j;
   int num;
   for(i=0;i<=9;i++)
      for(j=0;j<=9;j++)
         a[i][j]=i*10+j+1;
   printf(" 数字地图内容如下: \n");
   printf("******************************************\n");
   for(i=0;i<=9;i++)
```

```
    {
      for(j=0;j<=9;j++)
        printf("%4d",a[i][j]);
      printf("\n");
    }
    printf("****************************************\n");
    printf("请输入要定位的内容：");
    scanf("%d",&num);
    for(i=0;i<=9;i++)
    {
      for(j=0;j<=9;j++)
        if(a[i][j]==num)
        {
          printf("恭喜您!!本次查找成功!\n");
          printf("此内容在数字地图中处于第%d行第%d列\n",i+1,j+1);
          return;
        }
    }
    printf("本次查找失败!");
}
```

三、结果演示

输入要定位的内容“88”，输出定位结果以及位置信息，程序结果演示如图6-5（a）所示。输入要定位的内容“101”，输出定位结果，程序结果演示如图6-5（b）所示。

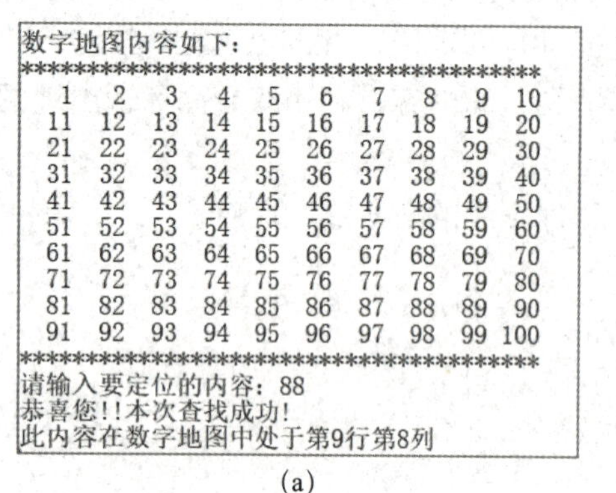

```
数字地图内容如下：
****************************************
   1   2   3   4   5   6   7   8   9  10
  11  12  13  14  15  16  17  18  19  20
  21  22  23  24  25  26  27  28  29  30
  31  32  33  34  35  36  37  38  39  40
  41  42  43  44  45  46  47  48  49  50
  51  52  53  54  55  56  57  58  59  60
  61  62  63  64  65  66  67  68  69  70
  71  72  73  74  75  76  77  78  79  80
  81  82  83  84  85  86  87  88  89  90
  91  92  93  94  95  96  97  98  99 100
****************************************
请输入要定位的内容：88
恭喜您!!本次查找成功!
此内容在数字地图中处于第9行第8列
```

（a）

```
数字地图内容如下：
****************************************
   1   2   3   4   5   6   7   8   9  10
  11  12  13  14  15  16  17  18  19  20
  21  22  23  24  25  26  27  28  29  30
  31  32  33  34  35  36  37  38  39  40
  41  42  43  44  45  46  47  48  49  50
  51  52  53  54  55  56  57  58  59  60
  61  62  63  64  65  66  67  68  69  70
  71  72  73  74  75  76  77  78  79  80
  81  82  83  84  85  86  87  88  89  90
  91  92  93  94  95  96  97  98  99 100
****************************************
请输入要定位的内容：101
本次查找失败!
```

（b）

图 6-5　演示结果界面

任务 16　用户登录

任务描述

本任务设计完成一个用户登录程序，提示用户输入用户名和密码注册，注册成功后，提示用户输入登录信息；如果登录信息与注册信息一致，提示登录成功，否则提示登录错误信息。

知识准备

一、字符数组的定义

字符数组是指专门用来存放字符型数据的数组，字符数组中每一个元素存放一个字符。使用双引号引起来的零个或多个字符，称为字符串。字符数组一般定义格式为：

```
char 数组名 [ 常量表达式 ];
```

二、字符数组的初始化方法

1. 用单个字符常量对字符数组初始化

例如：

```
char ch[]={'h','a','p','p','y'};                /* 注意为单引号 */
```

由于花括号中有5个字符常量，所以系统将确定字符数组ch的长度为5。

初始化后，ch数组中ch[0]元素的值为h，ch[1]的值为a，ch[2]的值为p，ch[3]的值为p，ch[4]的值为y。

2. 用字符串常量对字符数组初始化

例如：

```
char ch[]="happy";                              /* 注意为双引号 */
```

用字符串常量对字符数组初始化，编译系统会自动在字符数组的末尾都加上一个空字符'\0'作为字符串的结束标志。经过上面的初始化之后，字符数组ch的长度为6，前5个元素的值分别为h、a、p、p、y；第六个元素ch[5]的值为\0，为结束标志。

三、字符串的输入和输出

（1）scanf()函数输入字符串时，%s表示以字符串的形式输入数据，每次为一个数组输入一个字符串，字符串末尾的结束标志'\0'也会被存入数组中。

（2）以%s的形式输入字符串时，存入字符数组中的内容从输入字符中的第一个非空白字符开始，到下一个空白字符为止（包括，'\n'、'\t'、' '）。

例如，输入：

```
How  are  you↙
```

则数组ch中的实际内容如下：

ch[0]	ch[1]	ch[2]	ch[3]	ch[4]	ch[5]
H	o	w	\0		

（3）gets()函数的作用是输入一个字符数组，其调用的一般形式为：

```
gets( 字符数组名 );
```

与scanf()函数使用%s输入字符串不同的是，gets() 函数可以将输入的换行符之前的所有字符

（包括空格）都存入字符串中，最后加上字符串结束标志'\0'。

（4）printf()函数输出字符串时，%c表示分别引用字符数组中的每一个元素，每次输出一个字符;%s表示以字符串的形式，一次输出整个字符串中的所有字符。

（5）puts()函数的作用是输出一个字符串，其调用的一般形式为：

```
puts(字符数组名或字符串常量);
```

（6）与printf()函数不同的是，puts()函数输出字符串时，会自动在字符串的末尾输出一个换行符'\n'。

四、常用字符数组处理函数

1. 测试字符数组长度函数 strlen()

函数返回值为字符数组的实际长度，即不包括字符数组的结束标志'\0'。

strlen()函数调用的一般形式为：

```
strlen(字符数组名或字符串常量)
```

例如：

```
char str[80]="我爱你，中国！";
printf("该字符数组的长度为：%d",strlen(str));
```

则输出：

```
该字符数组的长度为：14
```

2. 连接字符数组函数 strcat()

strcat()函数的作用是连接两个字符数组，其调用的一般形式为：

```
strcat(字符数组1，字符数组2)
```

strcat()函数把字符数组2连接到字符数组1的后面，连接的结果仍放在字符数组1中。

例如：

```
char str1[30]="我爱你，";
char str2[20]="中国！";
strcat(str1,str2);
puts(str1);
```

则会输出：

```
我爱你，中国!
```

注意： 定义字符数组1时，其长度应该足够大，否则就没有多余的空间存放连接后产生的新字符数组。

3. 比较字符数组函数 strcmp()

strcmp()函数的作用是比较两个字符数组的大小，其调用的一般形式为：

```
strcmp(字符数组1，字符数组2)
```

如果字符数组1=字符数组2，则函数返回0。

如果字符数组1>字符数组2，则函数返回正数。

如果字符数组1<字符数组2，则函数返回负数。

4. 复制字符数组函数 strcpy()

strcpy()函数的作用是复制字符数组，其调用的一般形式为：

```
strcpy(字符数组 1, 字符数组 2)
```

strcpy()函数把字符数组2的内容复制到字符数组1中。这里，字符数组2可以是字符数组名，也可以是字符串常量，而字符数组1则只能是字符数组名。

注意：不能使用赋值语句将一个字符串常量或字符数组直接赋值给一个字符数组，例如，s1="hello";和s1=s2;都是非法的。

知识应用

（1）按序号输出冬奥会奖牌榜国家或地区名称，如图6-4所示。

分析：程序中的输入函数scanf() 中使用字符串输入方式，输入项是数组名，数组名代表了该数组的起始地址，因而无须加取地址符&；输出时输出函数printf()中使用字符串输出方式，因此直接用数组名即可。

程序如下：

```
#include <stdio.h>
int main()
{
   int i,j;
   char ch[6][250];
   for(i=0;i<6;i++)
   {
      printf("输入第 %d 个国家或地区的名字: ",i+1);
      scanf("%s", ch[i]);

   }
   printf("输出国家或地区名: \n");
   for(i=0;i<6;i++)
   {
      printf("第 %d 个国家或地区的名字: %s\n", i+1, ch[i]);
   }
   printf("\n");
   return 0;
}
```

（2）编写确认密码程序。

分析：

① 预置密码放在字符数组password中。

② 用户输入密码放在字符数组s中。

③ 利用比较函数strcmp()，判断两数组内容是否相等。因为如果内容相等函数返回值为0，所以判断时应取反。

程序如下：

```
#include <stdio.h>
#include <string.h>
main()
{
  char password[]="hello";              /* 预先设置密码 */
  char s[20];
  printf(" 请输入密码: \n");
  gets(s);
  if(!strcmp(password,s))
     printf(" 密码正确 ! ");
  else
     printf(" 密码不正确 ! ");          /* 终止程序的运行 */
  printf(" 请继续 ......");
}
```

任务实施

一、任务流程分解

流程描述：分别定义用户名、密码字符数组。首先提示用户注册，输入用户名和密码。然后进行登录操作，先比对登录的用户名与注册的用户名是否一致，如果不一致，输出“用户名不正确！”，如果一致，则继续比对登录密码与注册密码是否一致，如果密码一致，则输出“恭喜，登录成功！”，否则输出“密码不正确！”。

(1) 程序初始化分析：分别定义用户名和密码字符数组。

(2) 数据录入分析：用户输入注册的用户名、密码，继续输入登录用户名、密码。

(3) 数据处理分析：比对注册的用户名、密码与登录的用户名、密码是否一致。

(4) 输出结果分析。

结果1：用户名密码一致，提示登录成功。

结果2：用户名不正确。

结果3：密码不正确。

视 频

用户登录

二、知识扩展

字符数组函数在使用时，主要注意函数的参数类型、个数及结果返回时的具体意义和放置的位置。例如连接字符数组函数strcat(字符数组1,字符数组2)，连接的结果放在字符数组1中，即字符数组1的内容被改变。又如比较字符数组函数strcmp(字符数组1,字符数组2)，如果字符数组1=字符数组2，则函数返回值为0，判断时注意条件表达式的使用。

三、代码实现

```
#include <stdio.h>
```

```
#include <string.h>
main()
{
   char usr[250],inputusr[250];
   char pwd[250],inputpwd[250];
   printf("**********************************\n");
   printf("                注册 \n");
   printf("                ----\n");
   printf(" 注册第一步: 请输入用户名: ");
   scanf("%s",usr);
   printf(" 注册第二步: 请输入密码: ");
   scanf("%s",pwd);
   printf(" 恭喜您, 注册成功 !\n");
   printf("**********************************\n");
   printf("                登录 \n");
   printf("                ----\n");
   printf(" 登录第一步: 请输入用户名: ");
   scanf("%s",inputusr);
   if(strcmp(usr,inputusr))
   {
      printf(" 用户名不正确 !\n ");
      printf("**********************************\n");
      return;
   }
   else
   {
      printf(" 登录第二步: 请输入密码: ");
      scanf("%s",inputpwd);
      if(strcmp(pwd,inputpwd))
      {
         printf(" 密码不正确 !\n ");
         printf("**********************************\n");
         return;
      }
      else
      {
         printf(" 恭喜, 登录成功 ! 当前用户 :");
         puts(usr);
         printf("**********************************\n");
         Return 0;
      }
   }
}
```

四、结果演示

输入注册信息及登录信息，输出密码不正确的结果，程序结果演示如图6-6（a）所示。

输入注册信息及登录信息，输出用户名不正确的结果，程序结果演示如图6-6（b）所示。

输入注册信息及登录信息，输出登录成功的结果，程序结果演示如图6-6（c）所示。

```
**********************************
              注册
              ----
注册第一步：请输入用户名：user
注册第二步：请输入密码：123456
恭喜您，注册成功！
**********************************
              登录
              ----
登录第一步：请输入用户名：user
登录第二步：请输入密码：123457
密码不正确！
**********************************
```

(a)

```
**********************************
              注册
              ----
注册第一步：请输入用户名：user
注册第二步：请输入密码：123456
恭喜您，注册成功！
**********************************
              登录
              ----
登录第一步：请输入用户名：usee
用户名不正确！
**********************************
```

(b)

```
**********************************
              注册
              ----
注册第一步：请输入用户名：user
注册第二步：请输入密码：123456
恭喜您，注册成功！
**********************************
              登录
              ----
登录第一步：请输入用户名：user
登录第二步：请输入密码：123456
恭喜，登录成功！当前用户:user
**********************************
```

(c)

图 6-6　演示结果界面

小　　结

本章介绍了数组的定义、初始化及其引用，还介绍了用字符数组处理字符串以及应用数组编程解决实际问题。重点是二维数组的存储结构、字符数组与字符串的关系、字符数组的输入/输出以及常用字符数组处理函数的应用。

数组必须先定义，后引用。数组的引用除了在函数（后续介绍）调用时，作为参数可以直接引用数组名外，其他情形只能对数组的元素进行引用。数组元素的引用通常和循环结构密不可分。在定义数组的同时，可以对数组进行初始化。初始化时初值的个数可以少于数组长度，当初值个数等于数组长度时，一维数组可以省略定义大小，二维数组可以省略第一维的大小。初始化时一维数组连续书写，二维数组可以按行书写，也可以连续书写，此时按存储顺序对应初值。

数组元素在内存中是按顺序连续存放的。一维数组按下标递增的顺序存放；二维数组元素在内存中是按行存放；字符数组可以存放字符串（以'/0'为结束标记），也可以存放其他字符。使用处理字符串的函数时，要包含头文件string.h，并注意它们的格式要求。

练　习　题

初级题

一、选择题

1. 若定义数组并初始化int a[10]={1,2,3,4}，则以下语句不成立的是（　　）。

   A．a[8]的值为0　　B．a[1]的值为1
   C．a[3]的值为4　　D．a[9]的值为0

2. 下面程序段的运行结果是（　　）。（␣表示空格）

```
char c[5]={'a','b','\0','c','\0'};
printf("%s",c);
```

   A. 'a''b'　　B. ab　　C. abc　　D. ab␣

3. 下面是对字符数组s的初始化，其中不正确的是（　　）。

   A. char s[5]={"abc"};　　B. char s[5]={'a','b','c'};
   C. char s[5]='';　　D. chars[5]="abcde";

4. 已定义：float a[5];,则数组a可引用的全部元素有（　　）。

   A. a[1]~a[5]　　B. a[0]~a[5]　　C. a[1]~a[4]　　D. a[0]~a[4]

5. 若定义数组并初始化int a[10]={1,2,3,4};，以下叙述不成立的是（　　）。

   A. a[10]是a数组的最后一个元素的引用
   B. a数组中有10个元素
   C. a数组中每个元素都为整数
   D. a数组是整型数组

6. 若定义数组int a[100],其最后一个数组元素为（　　）。

   A. a[0]　　B. a[1]　　C. a[99]　　D. a[100]

7. 以下描述中正确的是（　　）。

   A. 数组名后面的常量表达式用一对圆括号括起来
   B. 数组下标从1开始
   C. 数组下标的数据类型可以是整型或实型
   D. 数组名的规定与变量名相同

8. 下列语句错误的是（　　）

   A. int a[2][3]={{1,2,3},{4,5,6}};　　B. int b[2][3]={1,2,3,4,5,6};
   C. int a[][]={{1,2,3},{4,5,6}};　　D. int a[][3]={{1,2,3},{4,5,6}};

9. 下面描述正确的是（　　）。

   A. 两个字符数组包含的字符个数相同时，才能比较字符数组
   B. 字符个数多的字符数组比字符个数少的字符数组大
   C. 字符串"STOP"与"STOP␣"相等（␣表示空格）
   D. 字符串"That"小于字符串"The"

10. 设每个int型变量占4字节，则有数组定义inta[4][5];，则数组a占用的内存字节数是（　　）。

A. 9　　B. 20　　C. 40　　D. 80

二、程序题

看程序写结果：以下程序运行后的输出结果是__________。

```
#include <stdio.h>
int main()
{
    int i,n[]={0,0,0,0,0};
    for(i=1;i<=4;i++)
    {
      n[i]=n[i-1]*2+1;
      printf("%d",n[i]);
    }
    return 0;
}
```

中级题

一、选择题

1. 设有static char str[]="Beijing";则执行语句printf("%d\n",strlen(strcpy (str,"China")));后，输出结果是（　　）。

A. 5　　B. 6　　C. 7　　D. 8

2. 以下程序的输出结果是（　　）。

```
#include <stdio.h>
int main()
{ int i,a[3][3]={1,2,3,4,5,6,7,8,9};
  for(i=0;i<3;i++)
  printf("%d",a[i][2-i]);
  return 0;
}
```

A. 1,5,9　　B. 1,4,7　　C. 3,5,7　　D. 3,6,9

3. 以下程序段的功能是给数组所有元素输入数据，应在圆括号中填入的是（　　）。

```
#include <stdio.h>
int main()
{
  int a[10],i=0;
```

```
  while(i<10)
    scanf("%d",(      ));
  ...
}
```

A. &a[++i]　　B. &a[i+1]　　C. &a[i]　　D. &a[i++]

4. 下面对C语言字符数组的描述中错误的（　　）。

A. 字符数组可以存放字符串

B. 字符串的字符数组可以整体输入、输出

C. 可以在赋值语句中通过赋值运算符对字符数组整体赋值

D. 不可以用关系运算符对字符数组中的字符串进行比较

5. 若定义数组并初始化int a[10]={1,2,3,4}，以下叙述成立的是（　　）。

A. 若引用a[10]，编译时警告　　B. 若引用a[10]，连接时报错

C. 若引用a[10]，运行时错误　　D. 若引用a[10]，系统报错

6. 已知int类型变量在内存中占用4字节，定义数组int b[8]={2,3,4};则数组b在内存中所占字节数为（　　）。

A. 5　　B. 12　　C. 16　　D. 32

7. 有两个字符串a、b,则以下正确的输入语句是（　　）。

A. gets(a,b);　　B. scanf("%s%s",a,b);

C. scanf("%s%s",&a,&b);　　D. gets("a");gets("b");

8. 有字符数组a[80]和b[80]，则正确的输出语句是（　　）。

A. puts(a,b);　　B. printf("%s,%s",a[],b[]);

C. putchar(a,b);　　D. puts(a),puts(b);

9. 下面程序段的运行结果是（　　）（␣代表空格）。

```
chara[7]="abcdef",b[4]="ABC";
strcpy(a,b);
printf("%c",a[4]);
```

A. ␣　　B. \0　　C. e　　D. ef

10. 设有int x[2][4]={1,2,3,4,5,6,7,8];printf("%d",x[2][4]);，则输出结果是（　　）。

A. 8　　B. 1　　C. 随机数　　D. 语法检查出错

二、程序题

输入一个单词，逆序输出该单词。

高级题

一、选择题

1. 设已定义：int x[2][4]={1,2,3,4,5,6,7,8};，则元素x[1][1]的正确初值是（　　）。

A. 6　　B. 5　　C. 7　　D. 1

2．以下定义语句中，错误的是（　　）。

A．inta[]={6,7,8};　　B．intn=5,a[n];

C．chara[]="string";　　D．chara[5]={'0','1','2','3','4'};

3．若有以下定义和语句：int str[12]={1,2,3,4,5,6,7,8,9,10,11,12};charc='e';,则数值为2的表达式是（　　）。

A．str['g'-c]　　B．str[2]

C．str['d'-'c']　　D．str['d'-c]

4．执行下面的程序段后，变量k中的值为（　　）。

```
int k=3,s[2];s[0]=k;k=s[1]+10;
```

A．不定值　　B．33　　C．30　　D．10

5．下面程序段的运行结果是（　　）。

```
char a[3],b[]="China";a=b;printf("%s",a);
```

A．输出China　　B．输出Chi　　C．输出Ch　　D．编译出错

6．下列不能把字符串"Hello!"赋给数组b的语句是（　　）。

A．char b[10]={'H','e','l','l','o','!'};

B．char b[10];b="Hello!";

C．char b[10];strcpy(b,"Hello!");

D．char b[10]="Hello!"

7．下面描述正确的是（　　）。

A．使用strcmp()函数比较两个字符数组包含的字符个数相同时，结果返回1

B．字符个数多的字符数组比字符个数少的字符数组大

C．字符串""与"␣"相等（␣表示空格）

D．字符串"at"小于字符串"int"

8．若定义数组int a[5],其数组下标上限为（　　）。

A．2　　B．3　　C．4　　D．5

9．对两个数组a和b进行如下初始化，则以下叙述正确的是（　　）。

```
char a[]="ABCDEF";char b[]={'A','B','C','D','E','F'};
```

A．a与b数组完全相同　　B．a与b数组长度相同

C．a和b中都存放字符数组　　D．a数组比b数组长度长

10．若有以下说明：int a[10]={1,2,3,4,5,6,7,8,9,10};char c='a';,则数值为4的表达式是（　　）。

A．a['f'-c]　　B．a[4]　　C．a['d'-'c']　　D．a['d'-c]

二、程序题

一个数如果恰好等于它的因子之和，这个数就称为“完数”，例如6=1+2+3，找出100以内的所有完数。

第 7 章　函　数

C语言程序是由函数组成的，函数是C语言中的重要概念，也是C语言程序设计的重要手段。函数之所以重要，是因为它们提供了将代码模块化的方法，从而可以将一个大型的复杂程序，编写成多个小模块的组合。在设计良好的程序中，每个模块的目的或者任务都是明确的，并且很容易说明。这些基本模块在C语言中是用函数实现的。

一个C语言程序可以由一个主函数和若干个函数组成。主函数调用其他函数，其他函数也可以相互调用，一个函数可以被一个或多个函数任意多次调用。

本章主要介绍函数的定义、函数的调用、函数的声明、函数的嵌套调用和递归调用、内部函数和外部函数、内部变量和外部变量等相关内容。重点讲述函数调用时形式参数和实际参数的结合。

任务 17　导 航 菜 单

任务描述

程序的功能：设计“红色中国”页面，其中有永远的丰碑、经典著作、红色记忆、党史学习、中国精神研究等栏目。选择不同编号，显示不同的栏目内容。设计的“红色中国”页面如图7-1所示。

永远的丰碑　经典著作　红色记忆　党史学习　中国精神研究

图 7-1　“红色中国”页面

知识准备

在组成一个程序的多个函数中，有且仅有一个main()函数，C程序从main()函数开始运行，由main()调用其他函数，其他函数之间也可以相互调用，但最后总要返回main()函数，由main()函数结束整个程序。

从函数定义的角度看，函数可分为库函数和用户自定义函数两种。

（1）库函数：由系统提供，用户无须定义，只需在程序前包含有该函数原型的头文件即可在程序中直接调用。在前面各章中反复用到的printf()、scanf()等函数均属此类。

（2）用户自定义函数：由用户按需要编写的函数。

一、函数的定义

函数的定义即编写一个函数。定义函数要完成3项任务：指明函数的入口参数；指明函数执行后的状态，即返回值或返回执行结果；指明函数所要做的操作，即函数体。

函数定义的一般形式：

```
类型标识符  函数名(形式参数表)
{
   函数体;
}
```

（1）函数名前面的类型标识符用来说明函数返回值的类型。返回值可以是任何C语言的数据类型，如char、int、float、double 等。当是int类型时，类型标识符int 可以省略。若函数无返回值，可用类型标识符void表示。

（2）函数名取名要符合标识符的规则，函数名必须是唯一的，不能与其他函数或变量重名。

（3）定义函数时，函数名后面圆括号中的变量名称为形式参数，简称“形参”。形式参数表由各个参数的类型说明和名字组成。若形参表中有多个形参，则形参之间用逗号分隔。并不是每一个函数都必须有形参，有形参的函数称为有参函数；无形参的函数称为无参函数，这时它的形参部分为空，但“()”不能省略。

对形参的说明方法有两种：

① 在形参表中的各参数前面加类型名。例如：

```
int max(int x,int y)           /* 类型相同的形参也要分别定义其类型和名称 */
{
   …
}
```

② 在函数体前，即“{”前面，单独说明。例如：

```
int max(x,y)
int x,y;
{
   …
}
```

而下面函数的定义中，对形参的说明是错误的：

```
int max(int x,y)               /* 形参 y 没有定义类型 */
{
   …
}
```

（4）函数体是用一对花括号括起来的语句序列。函数体一般由说明部分和语句部分组成。说明部分主要是对函数内所使用的变量等内容进行定义，语句部分由C语言的基本语句组成，是实现函数功能的主体部分。如果函数体中没有任何内容，则该函数为空函数。

（5）函数的定义不能嵌套，即不能在一个函数体中定义另外一个函数。

```
void a()
{
   void b()
   {
      …
   }
   …
}
```

二、函数的返回值与函数类型

函数的返回值是指函数被调用后返回给主调函数的值，函数的返回值是通过函数中的return语句获得的。

1. return 语句的一般形式

```
return 表达式；
```

或

```
return(表达式)；
```

2. return 语句的功能

（1）return语句将表达式的计算结果返回给调用函数。

（2）结束return语句所在函数的执行，返回调用该函数的函数中继续执行。

3. 操作要点

（1）在一个函数中允许有多个return语句，程序执行到其中一个return语句时立即返回主调函数，该return语句后面即使有未执行的语句，也不再执行。例如：

```
double max(double x,double y)
{
  if(x>y)
    return x;
  else
    return y;
}
```

（2）如果函数值的类型和return语句中表达式值的类型不一致，则以函数值的类型为准进行类型转换。例如：

```
double product(float x,float y)
{
  float s;
  s=x*y;
  return(s);
}
```

（3）在函数体中，也可不带返回语句，则该函数执行到最后一个花括号时，自动返回。

（4）如果被调函数中没有return语句，函数并不是不带回返回值，而是带回一个不确定的、用户可能不希望得到的函数值。为了明确表示函数不带返回值，应该定义函数为无类型（使用关键字void）。例如：

```
void printmsg()
{
  printf("请输入密码");
}
```

三、函数的声明

在主调函数中调用某函数之前应对该被调函数进行声明，目的是向编译系统提供必要的信息，以便在函数调用时进行语法检查。

（1）C语言程序中一个函数可以被调用时需要具备的条件：

① 被调用的函数必须是已经存在的函数，是库函数或用户自定义函数。

② 如果调用库函数，一般要在程序文件的开头用include命令包含相应的头文件。

③ 如果调用用户自定义函数，一般应该在调用函数前对其进行声明。

（2）函数声明的一般形式：

```
类型标识符  函数名(形式参数表);
```

（3）以下几种情况在调用函数前可以不对被调用函数进行声明：

① 被调函数的返回值类型是整型或字符型。

② 被调函数的函数定义出现在主调函数之前。

③ 在程序文件的开头，在所有函数定义之前已经对被调函数进行了声明，则在各个主调函数中不必对所调用的函数再进行声明。例如：

```
#include <stdio.h>
char str(int a);
float f(float b);
main()
{ …
}
char str(int a)
{ …
}
float f(float b)
{ …
}
```

四、函数的调用

函数的调用就是调用函数通过数据传递使用被调用函数的功能。数据传递是通过形参和实参完成的。

1. 函数调用的一般形式

```
函数名(实际参数表)
```

2. 函数调用的方式

（1）函数表达式。例如，s=area(3,4,5);z=max(x,y)+10。

（2）函数语句。例如，printf("%d",a);scanf("%d",&b)。

（3）函数参数。例如，m=max(max(a,b),c)。

3. 操作要点

（1）调用函数时的参数称为实际参数，简称实参。实参可以是常量、变量或表达式，是有确定值的参数。

（2）实参和形参在数量上、类型上、顺序上应该严格一致，否则会发生“类型不匹配”的错误。

（3）多个实参之间用逗号隔开。

（4）形参变量只有在被调用时才分配内存单元，这些单元与实参所占的内存单元不同，在函数调用结束时，形参变量所占的内存单元立即被释放，所以，形参只有在函数内部有效，调用结束返回主调函数后就不能再使用该形参变量。

（5）形参和实参的作用是数据传送。发生函数调用时，主调函数把实参的值传递给被调函数的形参，从而实现了主调函数向被调函数的数据传送。

五、函数调用的数据传递方式

在C语言中，函数的实参和形参之间的数据传递是按值传递，又称为传值调用。

1. 传值调用的过程

（1）形参和实参各占独立的存储单元。

（2）当函数被调用时系统为形参分配临时存储单元，实参的值传递到系统为形参分配的临时存储单元中，这时形参就得到了实参的值。这种虚实结合方式称为“值结合”。

（3）被调函数执行结束，函数返回时，临时的存储单元立即被释放。

2. 操作要点

（1）值传递是单向的，只能将实参的值传递给对应的形参，而不能将形参的值传递给实参。

（2）在函数调用过程中，形参值的变化不影响实参。

（3）传值调用方式，函数只有一个入口——实参传值给形参、一个出口——函数返回值。函数受外界影响减少到最低限度，从而保证了函数的独立性。这种值结合方式，函数只有一个返回值。

（4）形参与实参，在数量上、类型上、顺序上应该严格一致，否则发生“类型不匹配”错误。

知识应用

（1）编写sum()函数，计算两个整型数之和。

分析：

① 定义函数从方法上和编写程序类似，其中不同的一点是将解决问题所提供的必须数据

（这里是两个整型数）在编写程序时作为变量处理，在此作为形参。除此之外，需要使用的变量则在函数体的声明部分定义。

② 根据题意，函数的类型和形参的类型应为int类型。在函数体的说明部分还应定义一个整型变量，用于存储求得的两数之和。

函数定义如下：

```
int sum(int x,int y)
{
  int s;
  s=x+y;
  return s;
}
```

（2）编写主函数，调用sum()求和函数。

分析：函数的类型和形参的类型应为int类型。主函数如下：

```
int sum(int x,int y);                /* 函数声明 */
main()
{
  int a,b,he;
  printf(" 请输入加数和被加数: ");
  scanf("%d%d",&a,&b);
  he=sum(a,b);
  Print(" 和等于 %d",he);
}
```

任务实施

一、任务流程分解

程序的流程图如图7-2所示。

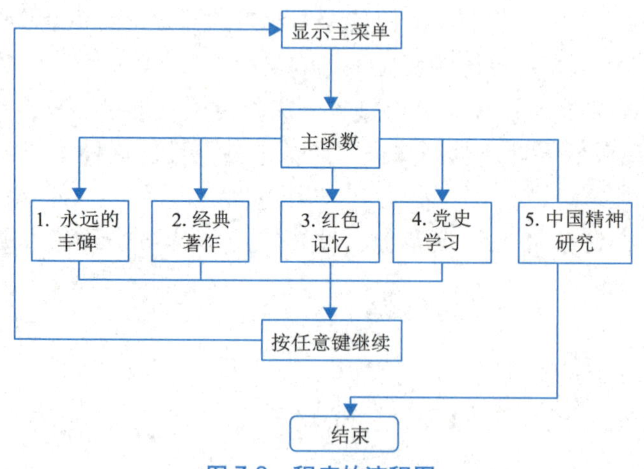

图 7-2　程序的流程图

二、拓展学习

清屏操作：头文件引入标准库文件 #include <stdlib.h>，在程序中书写system("cls");语句完成清除屏幕上的文字功能。

三、代码实现

视 频

导航菜单

```
#include <stdio.h>
#include <stdlib.h>
/* 此处也可以添加自定义函数声明 */

/* 定义“永远的丰碑”函数 */
int yydfb()
{
   char ch;
   printf(" 欢迎您进入永远的丰碑栏目 \n");
   printf(" 请按回车键再继续 ");
   ch=getchar();
   return 0;

}
/* 定义“经典著作”函数 */
int jdzz()
{
   char ch;
   printf(" 欢迎您进入经典著作栏目 \n");
   printf(" 请按回车键再继续  ");
   ch=getchar();
   return 0;
}
/* 定义“红色记忆”函数 */
int hsjy()
{
   char ch;
   printf(" 欢迎您进入红色记忆栏目 \n");
   printf(" 请按回车键再继续 ");
   ch=getchar();
   return 0;
}
/* 定义“党史学习”函数 */
int dsxx()
{
   char ch;
   printf(" 欢迎您进入党史学习栏目 \n");
   printf(" 请按回车键再继续 ");
   ch=getchar();
   return 0;
}

/* 定义“中国精神研究”函数 */
int zgjsyj()
{
   char ch;
```

```
    printf("欢迎您进入中国精神研究栏目\n");
    printf("请按回车键再继续");
    ch = getchar();
    return 0;

}

int main()
{
    char choice,ch;
    while (1)
    {
        //system("cls");                        /*清屏*/
        /*显示菜单*/
        printf("\n\n");
        printf("1.永远的丰碑\n");
        printf("2.经典著作\n");
        printf("3.红色记忆\n");
        printf("4.党史学习\n");
        printf("5.中国精神研究\n");
        printf("请选择:(1 2 3 4 5):");
        choice=getchar();
        switch (choice)
        {
            case '1': yydfb();break;
            case '2': jdzz();break;
            case '3': hsjy();break;
            case '4': dsxx();break;
            case '5': zgjsyj();break;
            default:
                ch=getchar();
        }
        ch=getchar();
    }
    return 0;
}
```

四、结果演示

程序结果演示如图7-3所示。

```
1.永远的丰碑
2.经典著作
3.红色记忆
4.党史学习
5.中国精神研究
请选择:(1 2 3 4 5):1
欢迎您进入永远的丰碑栏目
请按回车键再继续
```

图 7-3　演示结果界面

任务 18　斐波那契数列

任务描述

斐波那契在《算盘书》中提出了一个有趣的兔子问题：一般而言，兔子在出生两个月后就有繁殖能力，一对兔子每个月能生出一对小兔子来。如果所有兔子都不死，那么一对兔子，在一年以后可以繁殖成多少对兔子呢?

我们不妨拿新出生的一对小兔子分析一下：

第一个月，买了一对小兔子；

第二个月，小兔子长大了，所以还是一对

第三个月，大兔子生下一对小兔，总数共有两对；

第四个月，大兔子又生下一对小小兔子，原来的小兔子长大了，所以一共是三对；

……

依此类推，可以列出下表：

经过月数	0	1	2	3	4	5	6	7	8	9	10	11	12
总体对数	0	1	1	2	3	5	8	13	21	34	55	89	144

表中数字1，1，2，3，5，8…构成了一个数列。这个数列有十分明显的特点，即前面相邻两项之和，构成了后一项，这个数列称为斐波那契数列。

知识准备

一、函数的嵌套调用

在C语言中，函数不允许嵌套定义，但可以嵌套调用，即在调用一个函数的过程中，被调用函数可以调用另一个函数，如图7-4所示。

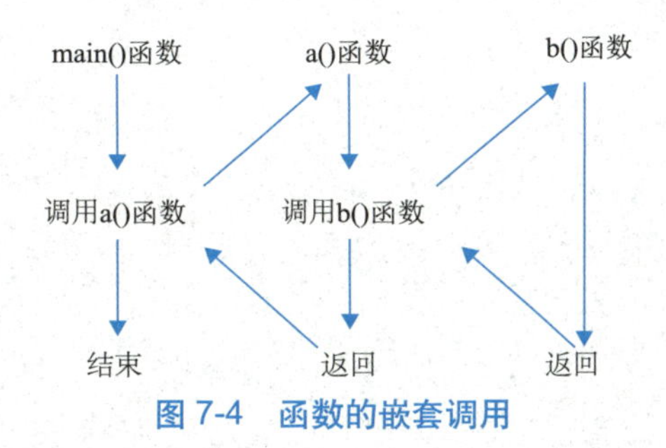

图 7-4　函数的嵌套调用

二、函数的递归调用

1. 函数的递归调用

函数直接或间接地调用自己的方式称为递归调用。

2. 直接递归与间接递归

（1）直接递归：是函数直接自己调用自己本身，例如，在调用函数f()的过程中又要调用函数f()。

（2）间接递归：是函数间接地自己调用自己，例如，在调用函数 f1()的过程中，要调用函数f2()，而在调用函数f2()的过程中又要调用函数f1()。

3. 操作要点

（1）递归调用必须有一个明确的递归结束条件，否则递归将会无止境地进行下去。

（2）函数递归调用可分为递归过程和回溯过程两个阶段。递归过程是将原始问题不断转化为规模更小且处理方式相同的新问题；回溯过程是从已知条件出发，沿递归的逆过程，逐一求值返回，直至递归初始处，完成递归调用。

知识应用

（1）求两个整数的最小公倍数。

分析：求最小公倍数的一个简单方法是两数相乘的积被最大公约数除，而求两个整数的最大公约数通常采用欧几里得算法，即辗转相除法。

```
#include <stdio.h>
/* 求整数 x、y 的最大公约数 */
int divisor(int x,int y)
{
   int m;
   if(x<y)
   {
     m=x;
     x=y;
     y=m;
   }
   while((m=x%y)!=0)
   {
     x=y;
     y=m;
   }
   return(y);
}
/* 求整数 x、y 的最小公倍数 */
int multiple(int x,int y)
{
   int m;
   m=x*y/divisor(x,y);
   return(m);
}
main()
{
   int x,y,z;
   printf("\n 请输入待求最小公倍数的两个数，用空格隔开 :");
   scanf("%d %d",&x,&y);
```

```
   z=multiple(x,y);                   /* 调用 multiple() 函数求 x、y 的最小公倍数 */
   printf("\n 这两个数的最小公倍数是 :%d\n",z);
}
```

程序运行过程如图7-5所示。从main()函数开始执行，输入两个整数后调用multiple()函数，multiple()函数调用了divisor()函数；divisor()函数执行完返回multiple()函数执行，multiple()函数执行完返回main()函数执行；main函数执行完，程序执行结束。

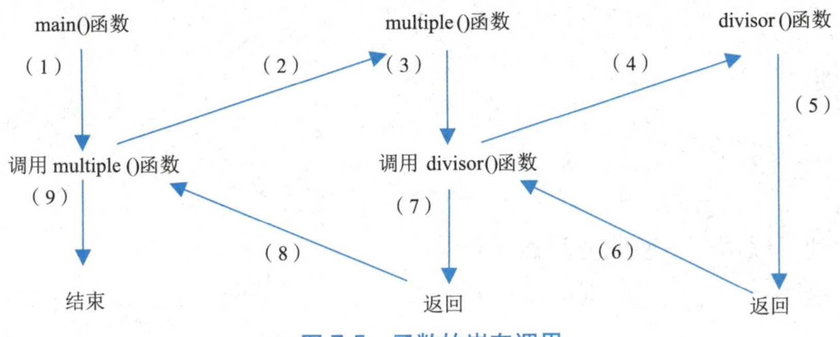

图 7-5　函数的嵌套调用

（2）用递归方法求$n!$。

分析：$n!$可以用以下递归方法表示。

$$n!=\begin{cases}1 & n=1\\ n\times(n-1)! & n>1\end{cases}$$

从以上表达式可以看到，当$n>1$时，$n!= n\times(n-1)!$，因此求$n!$的问题转化成了求$n\times(n-1)!$的问题，而求$(n-1)!$的问题与求$n!$的解决方法相同，只是求阶乘的对象的值减去1。当n的值递减至1时，$n!=1$，从而使递归得以结束。程序如下：

```
#include <stdio.h>
long f(int n)
{
   if(n==0||n==1)
       return 1;
   else
       return n*f(n-1);
}
main()
{
   int x;
   printf(" 请输入待求阶乘的数字: ");
   scanf("%d",&x);
   printf("%d 的阶乘是 %ld\n",x,f(x));
}
```

如果n=3，即f(3)调用上述递归函数时，调用过程如图7-6所示，图中箭头表示递归调用点和返回点。

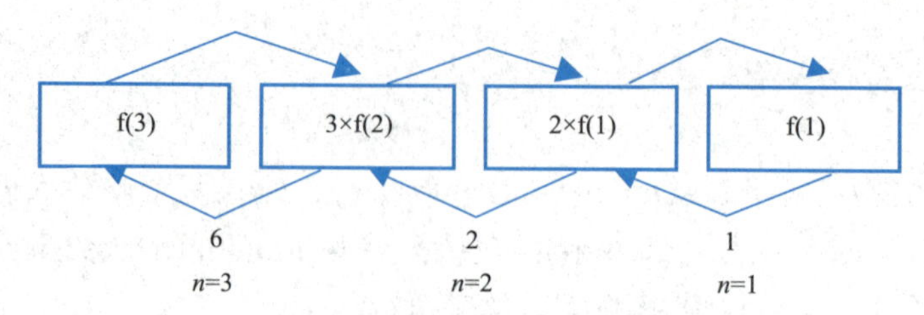

图 7-6　利用递归函数 f(3) 求 3! 的求值过程

任务实施

一、任务流程分解

1. 流程描述

斐波那契数列可以用以下递归方法表示：

$$fib(n)=\begin{cases}1 & (n=1)\\ 1 & (n=2)\\ fib(n-1)+fib(n-2) & (n>2)\end{cases}$$

2. 数据分析

视 频

斐波那契数列

（1）程序初始化分析：第1个月只有1对小兔子，第2个月之前的1对小兔子长成1对大兔子。

（2）数据录入分析：除第1、2月之外，其他月份不需要录入数据，所有数据计算得出。

（3）数据处理分析：递归调用函数计算数值。

（4）输出结果分析：每个数值都符合斐波那契数列数值特点。

二、代码实现

```
#include <stdio.h>
/*n 代表第几项。特别指出：0 是第 0 项，不是第 1 项 */
int fun(int n)
{
   if(n<=1)
      return n;
   else
      return fun(n-1)+fun(n-2);
}

int main()
{
   int n;
   int i;
   printf("请输入要输出多少项（自然数）斐波那契数列：");
   scanf("%d",&n);
    /* 输出所有项 */
   for(i=0;i<n+1;i++)
```

```
        {
            printf("%d ",fun(i));
            if(i !=0 && i%5==0)                /* 每五项进行一次换行（第一行多一个第 0 项）*/
                printf("\n");
        }
    printf("第 %d 项是: %d\n",n,fun(n)); /* 输出要求的项 */
    return 0;
}
```

三、结果演示

程序结果演示如图7-7所示。

```
请输入要输出多少项（自然数）斐波那契数列：12
0 1 1 2 3 5
8 13 21 34 55
89 144 第 12 项是：144
```

图 7-7　演示结果界面

任务 19　万　年　历

任务描述

设计编写“万年历”。输入任意年份，将显示出该年的所有月份和日期，及其对应的星期。第一行显示星期，从周日到周六，中英文均可。第二行开始显示日期从1号开始，并按其是周几这个实际情况与上面的星期数垂直对齐。对于月份，也是中文英文均可，但要注意闰年的情况。

知识准备

在编写程序的过程中，除了要了解变量占用的内存大小、运算规则外，还需要知道变量的作用域和存储类别。

一、变量的作用域、内部变量和外部变量

变量只能在其作用范围内使用，即变量在其作用域之外不能被引用。变量的作用域直接与变量定义的位置相关。

1. 内部变量

在函数内部定义的变量称为内部变量（又称局部变量），这些变量只在本函数范围内有效，也就是说只有在本函数内才能使用它们，在此函数外是不能使用这些变量的。

2. 外部变量

在函数外定义的变量称为外部变量，外部变量是全局变量（又称全程变量），全局变量可以被本文件中的函数共同使用，它的作用域是从定义变量的位置开始到它所在源程序文件的结束。

3. 操作要点

（1）主函数中定义的变量只能在主函数中使用，不能在其他函数中使用。因为主函数也是

一个函数，它与其他函数是平行关系。

（2）不同的函数内可以定义相同名字的内部变量，它们互不影响。

（3）形参变量属于被调函数的内部变量，实参变量属于主调函数的内部变量。

（4）在函数体内的复合语句中可以定义变量，其作用域只在复合语句范围内，这种复合语句又称“分程序”或“程序块”。

（5）在同一源程序文件中，如果外部变量与局部变量同名，则在局部变量的作用范围内外部变量不起作用。

（6）外部变量的使用会降低函数的通用性、可靠性、清晰性，因此建议在没有必要时不要使用外部变量。

二、变量的存储类别

C语言声明变量时给出了两方面的信息：数据类型和存储类别，变量的存储类别决定变量的作用域和生存期。

（1）静态存储方式和动态存储方式。从变量值的存在时间（即生存期）不同来划分，变量可分为静态存储方式与动态存储方式。

① 静态存储方式：在程序运行期间分配固定的内存空间的方式。

② 动态存储方式：在程序运行期间根据需要进行动态的分配内存空间的方式。

（2）C程序运行时占用的内存空间通常分为程序区、静态存储区和动态存储区3部分。

数据分别存放在静态存储区和动态存储区中。动态存储区用来存放自动变量、函数的形式参数、函数调用时的返回地址和现场保护。静态存储区用来存放外部变量、静态局部变量。

（3）变量的存储类别见表7-1。

表 7-1　变量的存储类别

类　别	含　义
auto	自动的
register	寄存器的
static	静态的
extern	外部的

（4）完整的变量定义形式：

```
存储类别 数据类型 变量列表
```

三、内部变量的存储类别

内部变量的存储类别共有3种：自动的、静态的和寄存器的，分别用关键字auto、static、register进行声明。

1. 自动变量

C系统默认的内部变量的存储类别是auto类别，其中auto可省略不写。自动变量（auto）存放在动态存储区中，在函数调用开始时系统自动为它们动态分配内存空间，调用结束时自动释放这些内存空间。自动变量的生存期只限于相应函数被调用时。

2. 静态内部变量

静态内部变量（static）必须用关键词static显式地加以声明。静态变量存放在内存的静态存储区，在整个程序运行期间占用固定的内存单元，即使静态变量所在的函数执行结束后也不释放内存单元，因而再次调用静态变量所在的函数时，静态变量的值为上次调用结束时的值。静态变量的生存期是整个程序的执行期。系统在编译时为静态变量赋初值并且只能赋一次初值，对没有赋初值的静态变量系统自动给它赋初值为0。

3. 寄存器变量

寄存器变量（register）存放在CPU的寄存器中。除此之外，它的性质与自动变量基本相同。由于CPU存取寄存器的速度比存取内存的速度快，使用寄存器变量可以加快程序的运行速度，所以它可用于使用频率较高的变量，如循环变量。但是，由于计算机系统中的寄存器数目有限，所以不能在程序中定义过多的寄存器变量。

4. 静态内部变量与自动变量的区别

（1）静态内部变量属于静态存储类别，在静态存储区分配存储单元，在程序整个运行期间都不释放。而自动变量属于动态存储类别，占动态存储空间，函数调用结束后立即释放。

（2）静态内部变量在编译时赋初值，且只赋初值一次，而对自动变量赋初值是在函数调用时进行的，每调用一次函数重新赋一次初值，相当于执行一次赋值语句。

（3）如果在定义内部变量时不赋初值，则对静态变量来说，编译时会自动赋初值为0或空字符；而对自动变量来说，如果不赋初值则它的值是一个不确定的值。

四、外部变量的存储类别

外部变量只能是静态存储的变量，存放在内存的静态存储区内，外部变量在整个程序的运行期间一直占用固定的内存单元。外部变量的存储类别有两种：静态外部变量和非静态外部变量。

1. 静态外部变量

静态外部变量是用static关键字定义的外部变量。静态外部变量只允许本程序文件中的函数使用，不能被其他文件中的函数引用。

2. 非静态外部变量

非静态外部变量是用extern关键字定义的外部变量。非静态外部变量的作用有两种：

（1）在同一源程序文件内用extern关键字扩展外部变量的作用域。

（2）在不同源程序文件内用extern关键字扩展外部变量的作用域。

3. 操作要点

（1）同一个文件中，如果外部变量的使用在定义的前面，则使用该变量前需要对其进行声明。例如：

```
char f1()
{
  extern int e;                    /* 外部变量的声明 */
  …
```

```
}
float f2()
{
  …
}
int e;                        /* 外部变量的定义 */
int f3()
{
  …
}
```

（2）使用其他文件中定义的外部变量（不能使用static定义的外部变量）需要先对该变量进行声明。例如：

```
/* 文件 1*/
int a;                        /* 外部变量的定义 */
int f1()
{
  …
}
/* 文件 2*/
extern int a;                 /* 外部变量的声明 */
int f2()
{
  …
}
/* 文件 3*/
extern int a;                 /* 外部变量的声明 */
main()
{
  …
}
```

（3）将作用域限制在定义该变量的文件中，不允许被其他文件调用，这就要求在定义外部变量时在前面加上static的存储类别。例如：

```
/* 文件 1*/
static int a;                 /* 外部变量的定义 */
main()
{
  …
}
/* 文件 2*/
extern int a;                 /* 外部变量的声明 */
int f1()
{
  …
}
```

知识应用

（1）分析下面程序的运行结果（外部变量与内部变量同名）。

```
int a=3,b=5;           /*a、b 为外部变量 */
max(int a,int b)       /*a、b 为局部变量 */
{
  int c;
  c=a>b?a:b;
  return(c);
}
main( )
{
  int a=8;             /*a 为局部变量 */
  printf(" %d",max(a,b));
}
```

分析：变量a、b均在函数外面定义，所以为外部变量，主函数内的变量a，因在主函数内定义，因此为内部变量。故使得主函数调用max()函数时，参数实际值为max(8,5)而不是max(3,5)，所以运行结果为8。

（2）分析下面程序的运行结果，学习auto变量的用法。

```
void fun();
main()
{
  fun();
  fun();
}
void fun()
{
  int n=2;            /* 自动变量 */
  n++;
  printf("n=%d\n",n);
}
```

运行结果是：

```
n=3
n=3
```

说明：

函数 fun() 中定义的 n 为自动变量，作用域只在函数 fun() 内，第一次调用时，系统为 n 分配临时存储单元，n 的初值为 2，执行 n++ 后，n 的值为 3，输出 3，第一次调用后分配给 n 的存储单元被释放。第二次调用时，系统为 n 重新分配存储单元，因此输出结果仍然是 3。

（3）分析下面程序的运行结果，学习static变量的用法。

```
#include <stdio.h>
long factor(int n)
{
  static long int f=1;
  f=f*n;
  return f;
}
```

```
main()
{
   int i;
   for(i=1;i<=5;i++)
   printf("%ld\n",factor(i));
}
```

运行结果为：

```
1
2
6
24
120
```

说明：

main() 函数要 5 次调用函数 factor()，第一次调用 factor() 时，执行初始化语句 f=1，而后 4 次调用均不再执行，即静态变量的初始化语句只执行 1 次。因为 f 是静态变量，故每次 factor() 函数调用结束后，f 的值仍然保留。这样，第一次调用 factor() 函数后 f 的值是 1 的阶乘，第二次调用 factor() 函数后 f 的值是 1! × 2，即 2 的阶乘，依此类推，第五次调用 factor() 函数后 f 的值是 4! × 5，即 5 的阶乘。

（4）分析下面程序的运行结果，学习register变量的用法。

```
#include <stdio.h>
long factor(int n)
{
  register int i;
  long r;
  for(i=1,r=1;i<=n;i++)
     r*=i;
  return r;
}
main()
{
  int k;
  for(k=1;k<=5;k++)
  printf("%ld\n",factor(k));
}
```

运行结果为：

```
1
2
6
24
120
```

说明：

main() 函数要 5 次调用 factor() 函数，循环变量 i 是寄存器变量，第 1 次调用 factor() 函数后 r 的值是 1×1，即 1 的阶乘，第 2 次调用 factor() 函数后 r 的值是 1×2，即 2 的阶乘，依此类推，第 5 次调用 factor() 函数后 r 的值是 1×2×3×4×5，即 5 的阶乘。

（5）分析下面程序的运行结果。

```
#include <stdio.h>
main()
{
   int swap();
   extern int a,b;         /* 声明 a、b 为外部变量 */
   a=3;
   b=10;
   swap();
   printf("a=%d,b=%d\n",a,b);
}
int a,b;                   /* 定义 a、b 为外部变量 */
swap()
{
   int temp;
   temp=a;
   a=b;
   b=temp;
}
```

运行结果为：

```
a=10,b=3
```

说明：

a、b 是在 swap() 函数上方定义的全局变量，所以其作用域是从定义开始到程序末尾，不包含 main() 函数。但由于 main() 中含有 extern int a,b; 语句，则它们的作用域扩展到 main() 函数。

任务实施

一、任务流程分解

流程描述：输入任意年份，显示出该年的所有月份日期，应该先设计具体的输出格式，如下：

```
the calendar of the year 2022. November
Sun    Mon    Tue    Wed    Thu    Fri    Sat
                1      2      3      4      5
  6      7      8      9     10     11     12
 13     14     15     16     17     18     19
 20     21     22     23     24     25     26
 27     28     29     30
```

二、拓展知识

（1）调用系统时间：头文件包括#include<time.h>。

定义变量：

```
time_t tval;
struct tm *now;
```

万年历

获取当前机器时间：

```
tval=time(NULL);
now=localtime(&tval);
```

（2）fflush(stdin) 功能：清空输入缓冲区，通常是为了确保不影响后面的数据读取（例如，在读完一个字符串后紧接着又要读取一个字符，此时应先执行fflush(stdin);）。

三、代码实现

```
#include <stdio.h>
#include <stdlib.h>
#include <time.h>
char month_str[][10]={"一月","二月","三月","四月","五月","六月","七月","八月",
"九月","十月","十一月","十二月"};
char week[][10]={"星期天","星期一","星期二","星期三","星期四","星期五","星期六"};
int mon_day[]={31,28,31,30,31,30,31,31,30,31,30,31};
/* 初始化每个月的天数 */
/* 判断闰年 */
int leap(int year)
{
  if(year%4==0&&year%100!=0||year%400==0)
     return 1;
  else
     return 0;
}
/* 判断这个月有多少天 */
int month_day(int year,int month)
{
  if(leap(year)&&month==2 )
     return 29;
  else
     return(mon_day[month-1]);
}
/* 判断这个月的第一天是星期几 */
int firstday(int year,int month,int day)
{
  int c=0;
  float s;
  int m;
  for(m=1;m<month;m++)
     c=c+month_day(year,m);
  c=c+day;
  s=year-1+(float)(year-1)/4+(float)(year-1)/100+(float)(year-1)/400-40+c;
  return ((int)s%7);
```

```
}
/*打印出一个月的日历*/
int printone(int a,int b)
{
  int i,j=1,k=1;
  printf("-------------------------------\n");
  printf("   日  一  二  三  四  五  六\n");
  if(a==7)
  {
    for(i=1;i<=b;i++)
    {
       printf("%4d",i);
       if(i%7==0)
       {
         printf("\n");
       }
    }
  }
  if(a!=7)
  {
    while(j<=4*a)
    {
       printf(" ");
       j++;
    }
    for(i=1;i<=b;i++)
    {
       printf("%4d",i);
       if(i==7*k-a)
       {
         printf("\n ");
         k++;
       }
    }
  }
  printf("\n");
  return 1;
}
/*打印出一年的日历*/
int PrintAllYear(int year)
{
  int a,b;
  int j=1,n=1,k;
  printf("\n\n******%d年的日历*********\n",year);
  for(k=1;k<=12;k++)
  {
    j=1,n=1;
    b=month_day(year,k);
    a=firstday(year,k,1);
    printf("\n\n%s\n",month_str[k-1],k);
    printone(a,b);
  }
  return 1;
```

```
    }
    /* 计算是什么生肖的函数 */
    void shux(int year)
    {
      static char sx[][10]={"子鼠","丑牛","寅虎","卯兔", "辰龙","巳蛇", "午马",
"未羊", "申猴","酉鸡","戌狗","亥猪" };
      printf("%s",sx[(year-1204)%12]);

    }
    /* 计算某天是该年的第几天 */
    int tianshu(int year,int month,int day)
    {
      int i,sum=0;
      for(i=1;i<month;i++)
         sum=sum+mon_day[i-1];
      sum=sum+day;
      if((year%4==0&&year%100!=0 ||year%400==0)&&month>2)
         sum=sum+1;
      printf( "\n输入的%d年%d月%d日是这一年的第%d天\n 你是否还要继续查询? (Y/N)?",
year,month,day,sum);
      return 1;
    }

    int main()
    {
      int date,da;
      char ch;
      int year,month,day;
      time_t tval;
      struct tm *now;
      int a,b;
      printf("\n**************************************************\n");
      printf(" *欢迎使用万年历系统，祝您心情愉快! *\n************************************
****************\n");
      /* 调用系统时间 */

      tval=time(NULL);
      now=localtime(&tval);
      printf("\n\n\n现 在 时 间 : %4d年 %d月 %02d日 %d:%02d:%02d\n",now->tm_year+
1900, now->tm_mon+1, now->tm_mday,now->tm_hour, now->tm_min, now->tm_sec);
      /* 调用结束 */
      b=month_day(now->tm_year+1900,now->tm_mon+1);
      a=firstday (now->tm_year+1900,now->tm_mon+1,now->tm_mday);
      printone(a,b);                               /* 打印出本月的日历 */
      while(1)
      {
         printf("\n请选择你所需要的服务:\n");
         printf("\n输入1: 输出某年的日历");
         printf("\n输入2: 判断你是什么属相");
```

```
    printf("\n 输入 3: 结束程序 \n");
    scanf("%d",&date);
    switch(date)
    {
    case 1:
        while(1)
        {
           printf("\n 请输入你想打印的日历年份 (XXXX)");
           scanf("%d",&year);
           PrintAllYear(year);
           printf("\n 你是否还要继续打印日历 (Y/N)?");
           fflush(stdin);
           scanf("%c",&ch);
           if(ch=='N'||ch=='n')
              break;
        }
        break;
    case 2:
        while(1)
        {
           printf("\n 输入你的四位出生年: ");
           scanf("%d",&year);
           printf("\n\n 你的属相是 :");
           shux(year);
           printf("\n 你是否还要继续查询? (Y/N)?");
           fflush(stdin);
           scanf("%c",&ch);
           if(ch=='N'||ch=='n')
              break;
        }
        break;
    case 3: fflush(stdin);
        printf(" 你真的确定你要退出该程序? (Y/N)");
        scanf("%c",&ch);
        if(ch=='Y'||ch=='y')
        printf("**************************************************************\n");
        printf(" 感谢您使用万年历 \n");
        exit(0);
        break;
    default:
        printf("\nError: 抱歉现在还没有此项功能, 请在 1 到 3 中选择 \n\n\n\n\n\n");
        break;
    }
  }
  return 0;
}
```

四、结果演示

程序结果演示如图7-8所示。

```
***************************************************
         *欢迎使用万年历系统，祝您心情愉快！*
***************************************************


现在时间：2022年 3月 20日 20:19:02
-----------------------------------
  日   一   二   三   四   五   六
   1    2    3    4    5    6    7
   8    9   10   11   12   13   14
  15   16   17   18   19   20   21
  22   23   24   25   26   27   28
  29   30   31

请选择你所需要的服务:

输入1：输出某年的日历
输入2：判断你是什么属相
输入3：结束程序
```

(a)

```
请选择你所需要的服务:

输入1：输出某年的日历
输入2：判断你是什么属相
输入3：结束程序
1

请输入你想打印的日历年份(XXXX)2023


******2023年的日历*********


一月
-----------------------------------
  日   一   二   三   四   五   六
   1    2    3    4    5    6    7
   8    9   10   11   12   13   14
  15   16   17   18   19   20   21
  22   23   24   25   26   27   28
  29   30   31


二月
-----------------------------------
  日   一   二   三   四   五   六
                  1    2    3    4
   5    6    7    8    9   10   11
  12   13   14   15   16   17   18
  19   20   21   22   23   24   25
  26   27   28


三月
-----------------------------------
  日   一   二   三   四   五   六
                  1    2    3    4
   5    6    7    8    9   10   11
  12   13   14   15   16   17   18
  19   20   21   22   23   24   25
  26   27   28   29   30   31
```

(b)

```
你是否还要继续打印日历(Y/N)?
请选择你所需要的服务:

输入1：输出某年的日历
输入2：判断你是什么属相
输入3：结束程序
2

输入你的四位出生年：2004


你的属相是:申猴
你是否还要继续查询？(Y/N)?
输入你的四位出生年：
```

(c)

图 7-8　演示结果界面

任务20　积分排序

任务描述

大家在使用学习强国App时，在学习报表功能中有积分排名，目的在于激励组织中的所有成员每天认真学习，争先创优，按照积分从高到低的顺序排列显示，如图7-9所示。这里使用选择排序，排序思想如下：每趟从待排序的记录中选出关键字最大的记录，顺序放在已排序的记录序列开始，直到全部排序结束为止。

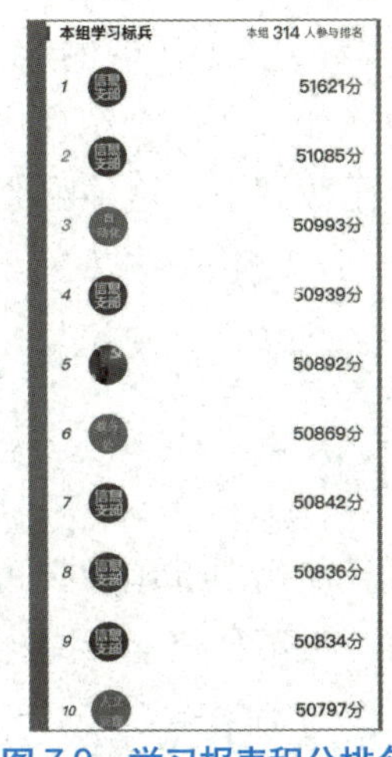

图7-9　学习报表积分排名

知识准备

函数在本质上是全局的，因为一个函数需要被其他函数调用。那么，当一个程序是由多个文件组成时，在一个文件中定义的函数，是否可以被其他文件中的函数调用呢？C语言根据函数能否被其他源程序文件中的函数调用，将函数分为内部函数和外部函数。

一、外部函数

1. 外部函数的定义

如果在一个源程序文件中定义的函数，除了可以被本文件中的函数调用外，还可以被其他文件中的函数调用，这种函数称为外部函数。

2. 外部函数的定义格式

```
extern  类型标识符  函数名（形式参数表）
{
  函数体；
}
```

3. 操作要点

(1) 定义外部函数时关键字extern可以省略。

(2) 若要调用其他文件中定义的外部函数，必须先对其进行声明，函数声明的格式为：

```
extern 类型标识符 函数名（形式参数表）；
```

例如：

```
/*文件1*/
extern int fun(int a,int b)          /*定义外部函数*/
{
  …
}
/*文件2*/
int fun2()
{
  extern int fun(int a,int b);       /*函数声明*/
```

```
    …
    fun();                                    /* 函数调用 */
}
```

二、内部函数

1. 内部函数的定义

如果在一个源程序文件中定义的函数，只能被本文件中的函数调用，而不能被其他文件中的函数调用，这种函数称为内部函数。

2. 内部函数的定义格式

```
static  类型标识符  函数名(形式参数表)
{
    函数体
}
```

使用内部函数，可以使函数只局限于该函数所在的文件，即使其他文件中有同名的内部函数，也不会相互干扰。

任务实施

一、任务流程分解

1. 流程描述

简单选择排序是一种选择排序。

(1) 从待排序序列中，找到关键字最大的元素。

(2) 如果最大元素不是待排序序列的第一个元素，将其与第一个元素互换。

(3) 从余下的 $n-1$ 个元素中，找出关键字最大的元素，重复(1)、(2)步，直到排序结束。

2. 数据分析

(1) 程序初始化分析：数据随机输入。

(2) 数据录入分析。

排序前: 5 6 1 7 0 3 8 9 4 2

(3) 数据处理分析。

排序前: 5 6 1 7 0 3 8 9 4 2
第 1 趟: 9 6 1 7 0 3 8 5 4 2
第 2 趟: 9 8 1 7 0 3 6 5 4 2
第 3 趟: 9 8 7 1 0 3 6 5 4 2
第 4 趟: 9 8 7 6 0 3 1 5 4 2
第 5 趟: 9 8 7 6 5 3 1 0 4 2
第 6 趟: 9 8 7 6 5 4 1 0 3 2
第 7 趟: 9 8 7 6 5 4 3 0 1 2

第8趟：9 8 7 6 5 4 3 2 1 0

第9趟：9 8 7 6 5 4 3 2 1 0

(4) 输出结果分析。

排序后：1 1 1 2 4 5 5 5 6 6

二、代码实现

```
/*file1.c*/
#include <stdio.h>
main()
{
  extern void sort(int array[],int n);
  int a[10],i;
  printf("请输入10个待排序用户积分数据，用空格隔开\n");
  for(i=0;i<10;i++)
    scanf("%d",&a[i]);
  sort(a,10);
  printf("排序后数据是：\n");
    for(i=0;i<10;i++)
    printf("%d ",a[i]);
  printf("\n");
}

/*file2.c*/
void sort(int array[],int n)
{
  int i,j,k,t;
  for(i=0;i<n-1;i++)
  {
    k=i;
    for(j=i+1;j<n;j++)
      if(array[j]>array[k])
        k=j;
      if(k!=i)
      {
        t=array[i];
        array[i]=array[k];
        array[k]=t;
      }
  }
}
```

视频

积分排序

三、结果演示

程序结果演示如图7-10所示。

```
请输入10个待排序用户积分数据，用空格隔开
51621
50797
50869
50842
50892
50933
50834
50836
51085
50993
排序后数据是：
51621
51085
50993
50933
50892
50869
50842
50836
50834
50797
```

图 7-10　演示结果界面

小　结

C语言不但提供了丰富的库函数，还允许用户定义自己的函数。每个函数都是一个可以重复使用的模块，通过模块间的相互调用，有条不紊地实现复杂的功能。可以说C程序的全部工作都是由各式各样的函数完成的，所以也把C语言称为函数式语言。在C语言中，所有函数定义，包括主函数main()在内，都是平行的。也就是说，在一个函数的函数体内，不能再定义另一个函数，即不能嵌套定义。但是函数之间允许相互调用，也允许嵌套调用。习惯上把调用者称为主调函数，被调用者称为被调函数。函数还可以自己调用自己，称为递归调用。

main()函数是主函数，它可以调用其他函数，而不允许被其他函数调用。因此，C程序的执行总是从main()函数开始，完成对其他函数的调用后再返回main()函数，最后由main()函数结束整个程序。一个C源程序必须有且只有一个主函数main()。本章难点内容为变量的作用范围和存储类别。变量只能在它的作用范围内使用。

练　习　题

一、选择题

1. 在C语言中，关于变量的作用域，下列描述中错误的是（　　）。
   A. 局部变量只在整个函数的运行周期中有效
   B. 全局变量的作用域为整个程序的运行周期
   C. 当全局变量与局部变量重名时，局部变量会屏蔽掉全局变量
   D. 全局变量会覆盖掉所有与它重名的局部变量

2. 关于C语言中的函数，下列描述正确的是（　　）。

A. 函数的定义可以嵌套，但函数的调用不可以嵌套

B. 函数的定义不可以嵌套，但函数的调用可以嵌套

C. 函数的定义和函数的调用均可以嵌套

D. 函数的定义和函数的调用均不可以嵌套

3. 定义一个函数：exce((v1, v2), (v3,v4,v5),v6);在该函数调用时，实参的个数为（　　）个。

A. 3　　　B. 4　　　C. 5　　　D. 6

4. 关于C语言中的局部变量，下列描述中错误的是（　　）。

A. 局部变量就是在函数内部声明的变量

B. 局部变量只在函数内部有效

C. 局部变量只有当它所在的函数被调用时才会被使用

D. 局部变量一旦被调用，其生存周期持续到程序结束

5. 在C语言中，当内部函数与外部函数重名时，下列描述中正确的是（　　）。

A. 当调用时，会调用内部函数

B. 当调用时，会调用外部函数

C. 当调用时，会调用两次，先调用内部函数再调用外部函数

D. 都不调用，会报错

6. 有如下程序:

```
int func(int a,int b)
{
  return(a+b);
}
main()
{
  int x=2,y=5,z=8,r;
  r=func(func(x,y),z);
  printf("%d\n",r);
}
```

该程序的输出结果是（　　）。

A. 12　　　B. 13　　　C. 14　　　D. 15

7. 下面程序的输出结果是（　　）。

```
fun3(int x){
  static int a=3;
  a+=x;
  return(a);
}
```

```
main(){
   int k=2, m=1, n;
   n=fun3(k);
   n=fun3(m);
   printf("%d\n",n);
}
```

A. 3　　B. 4　　C. 6　　D. 9

8. 以下程序的输出结果是（　　）。

```
#include "stdio.h"
int i=5;
main()
{
  int i=3;
  {
    int i=10;
    i++;
  }
  f1();
  i+=1;
  printf("%d\n",i);
}
int f1()
{
  i=i+1;
  return(i);
}
```

A. 7　　B. 4　　C. 12　　D. 6

9. 如果在一个函数的复合语句中定义了一个变量，则该变量（　　）。

A. 只在该复合语句中有效，在该复合语句外无效

B. 在该函数中任何位置都有效

C. 在本程序的源文件范围内均有效

D. 此定义方法错误，其变量为非法变量

10. 下列数据不存放在动态存储区中的是（　　）。

A. 函数形参变量　　B. 局部自动变量

C. 函数调用时的现场保护和返回地址　　D. 局部静态变量

二、程序题

编写一个函数fan(int m)，计算任一输入的整数的各位数字之和。主函数包括输入、输出和调用函数。

一、选择题

1. 若用数组名作为函数调用的实参，传递给形参的是（　　）。

A. 数组的首元素地址　　B. 数组中第一个元素的值

C. 数组中全部元素的值　　D. 数组元素的个数

2. 以下描述正确的是（　　）。

A. C语言的预处理功能是指完成宏替换和包含文件的调用

B. 预处理指令只能位于C源程序文件的首部

C. 凡是C源程序中行首以“#”标识的控制行都是预处理指令

D. C语言的编译预处理就是对源程序进行初步的语法检查

3. 若有宏定义：

```
#define MOD(x,y) x%y
```

则执行以下语句后的输出为（　　）。

```
int z,a=15,b=100;
z=MOD(b,a);
printf("%d\n",z++);
```

A. 11　　B. 10　　C. 6　　D. 宏定义不合法

4. #define能作简单的替代，用宏替代计算多项式4*x*x+3*x+2值的函数f,正确的宏定义是（　　）。

A. #define f(x) 4*x*x+3*x+2　　B. #define f 4*x*x+3*x+2

C. #define f(a) (4*a*a+3*a+2)　　D. #define (4*a*a+3*a+2) f(a)

5. 若有以下宏定义：

```
#define N 2
#define Y(n) ((N+1)*n)
```

则执行语句z=2*(N+Y(5));后的结果是（　　）。

A. 语句有错误　　B. z=34　　C. z=70　　D. z无定值

6. C语言提供的预处理功能包括条件编译，其基本形式为：

```
#XXX 标记符 程序段1
#else 程序段2
#endif
```

这里XXX可以是（　　）。

A. define或include　　B. ifdef或include

C. ifdef或ifndef或define　　D. ifdef或ifndef或if

7. 以下在任何情况下计算平方数时都不会引起二义性的宏定义是（　　）。

A. #define POWER(x) x*x　　B. #define POWER(x) (x)*(x)

C. #define POWER(x) (x*x)　　D. #define POWER(x) ((x)*(x))

8. 以下程序的输出结果是（　　）。

```
#include <stdio.h>
int f(int b[],int m,int n)
{
    int i,s=0;
    for(i=m; i<=n; i=i+2)
    s=s+b[i];
    return s;
}
int main()
{
    int x,a[]= {1,2,3,4,5,6,7,8,9};
    x=f(a,3,7);
    printf("%d\n",x);
    return 0;
}
```

A. 10　　B. 18　　C. 8　　D. 15

9. 请读程序：

```
#define ADD(x) x+x
main()
{
    int m=1,n=2,k=3;
    int sum=ADD(m+n)*k;
    printf("sum=%d",sum);
}
```

上面程序的运行结果是（　　）。

A. sum=9　　B. sum=10　　C. sum=12　　D. sum=18

10. 在C语言中，函数的隐含存储类别是（　　）。

A. auto　　B. static　　C. extern　　D. 无存储类别

二、程序题

编写一个程序，用户从键盘输入英文字母，如果是大写，将其转换成小写输出；如果是小写，将其转换成大写输出。提示：英文字母在计算机中以ASCII码表形式存在。

高级题

一、选择题

1. 若有以下程序

```
#include <stdio.h>
void f(int n);
main(){
  void f(int n);
```

```
  f(5);
}
void f(int n)
{
  printf("%d\n",n);
}
```

则以下叙述中不正确的是（　　）。

A. 若只在主函数中对函数f进行说明，则只能在主函数中正确调用函数f

B. 若在主函数前对函数f进行说明，则在主函数和其后的其他函数中都可以正确调用函数f

C. 对于以上程序，编译时系统会提示出错信息：提示对f()函数重复说明

D. 函数f()无返回值，所以可用void将其类型定义为无值型

2. 若主调用函数类型为double，被调用函数定义中没有进行函数类型声明，而return语句中的表达式类型为float型，则被调函数返回值的类型是（　　）。

A. int型　　B. float型

C. double型　　D. 由系统当时的情况而定

3. 在带参数函数的定义中，下列（　　）可以不必要。

A. 函数的类型　　B. 形式参数名　　C. 函数名　　D. 形式参数类型

4. 有如下程序：

```
int func(int a,int b)
{
  return(a+b);
}
void main()
{
   int x=2,y=5,z=8,r;
   r=func(func(x,y),z);
   printf("%d\n",r);
}
```

该程序的输出结果是（　　）。

A. 12　　B. 13　　C. 14　　D. 15

5. 以下叙述中不正确的是（　　）。

A. 在一个函数中，可以有多条return语句

B. 函数的定义不能嵌套，但函数的调用可以嵌套

C. 函数必须有返回值

D. 不同的函数中可以使用相同名字的变量

6. 有如下函数调用语句func(rec1,rec2+rec3,(rec4,rec5));该函数调用语句中，含有的

实参个数是（　　）。

A. 3　　B. 4　　C. 5　　D. 有语法错

7. 以下程序的输出结果是（　　）。

```
#include <stdio.h>
fun(int x,int y,int z)
{
  z=x*x+y*y;
}
void main()
{
   int a=31;
   fun(5,2,a);
   printf("%d",a);
}
```

A. 0　　B. 29　　C. 31　　D. 无定值

8. 下述函数定义形式正确的是（　　）。

A. int f(int x; int y)　　B. int f(int x,y)

C. int f(int x, int y)　　D. int f(x,y: int)

9. 下列叙述中正确的是（　　）。

A. C语言程序必须有return语句

B. C语言程序中，要调用的函数必须在main()函数中定义

C. C语言程序中，只有int类型的函数可以未经声明而出现在调用之后

D. C语言程序中，main()函数必须放在程序开始的部分

10. 以下程序有语法性错误，有关错误原因的正确说法是（　　）。

```
int main() {
  int G=5,k;
  void prt_char();
  …
  k=prt_char(G);
  …
}
```

A. 语句void prt_char();有错，它是函数调用语句，不能用void声明

B. 变量名不能使用大写字母

C. 函数声明和函数调用语句之间有矛盾

D. 函数名不能使用下画线

二、程序题

假定1头大牛一年生1头小牛，第四年小牛长大变成大牛，问2头大牛10年一共有多少牛？

第8章 指 针

指针是C语言最重要的特征之一，也是C语言的精华。C语言的指针就是直接操作内存地址，从而使得C程序的执行效率更高。正确灵活地运用指针，可以方便有效地表达复杂数据结构；可以实现内存空间的动态存储分配；可以提高程序的编译效率和执行速度；可以方便地使用数组。掌握指针的应用，可以使程序更加简洁、紧凑、高效。在学习本章内容时，要十分小心，多思考，多比较，在实践中掌握它。

任务21 交换数字

任务描述

本任务是用指针完成交换两个变量的值，然后输出交换后两个变量的值。

知识准备

一、指针和指针变量的概念

1. 地址

计算机的内存是由存储单元组成的，每个存储单元都对应唯一的地址编号，这个编号就是内存的地址。C程序中的每一个变量、每一个函数，在内存中都会对应一定的内存单元，其存放的数据即为内存单元中的内容。如图8-1所示，2000单元中存放的数据是数据1，2001单元中存放的数据是数据2。数据1和数据2即为内存单元的内容，2000、2001为内存的地址。

地址	内容
0000	
0001	
⋮	⋮
2000	数据1
2001	数据2
⋮	⋮

图8-1 单元地址

2. 指针与指针变量

在计算机中，对内存单元进行访问是通过地址实现的，地址被形象地称为指针，则“指针”就是地址，一个变量的指针就是指该变量的地址。

指针变量就是存放地址的变量。如图8-2（a）所示，i的值为3，p的值为2000，它是变量i的地址，则p就是一个指针变量。又称指针变量p指向变量i，如图8-2（b）所示。

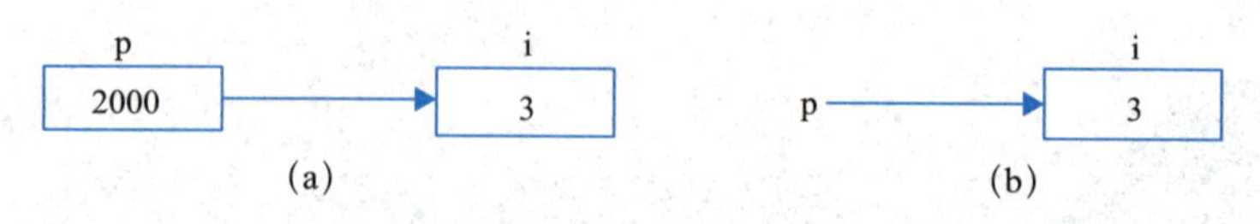

图 8-2 指针变量与变量

二、指针变量的定义与相关运算

1. 指针变量的定义

C语言规定：在使用变量之前必须先定义，一般形式如下：

```
类型标识符   * 指针变量
```

例如：

```
float  *p3;
```

p3前面有个“*”，表明它是一个指针变量。类型是float，表明p3是指向float类型的指针变量，或者说，变量p3存放float型变量的地址。

2. 指针变量的引用

（1）取地址运算符“&”是取得变量所占用的存储单元的首地址，其格式为

```
& 变量名
```

例如：

```
int a;
int *p;
p=&a;
```

则变量a的地址值赋给指针变量p，即指针变量p指向变量a。

（2）可以给指针变量赋空值NULL。例如：

```
p=NULL;
```

NULL是一个空指针，表明指针变量p的值是一个“空”值，并不指向任何内存单元。

3. 指针的算术运算

（1）指针运算包括增1运算（++）、减1运算（--）、加上一个整数（+或+=）、减去一个整数（-或-=）。

（2）指针运算以它所指向的数据类型字节长度为单位进行增或减。例如：

```
int *p=2000
char *ch=2000
```

则执行p++、ch++的指针移动过程如图8-3所示。

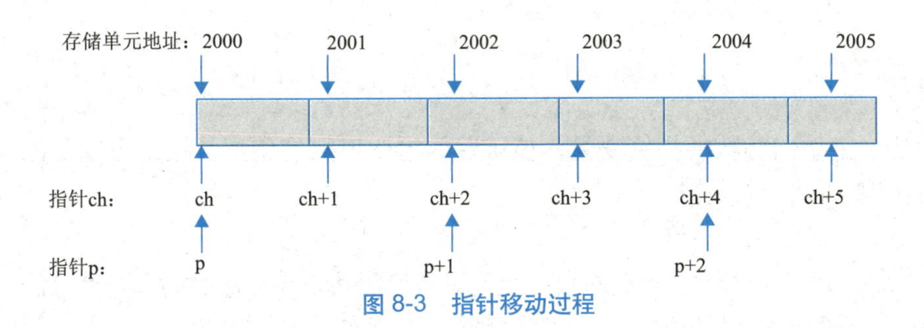

图 8-3　指针移动过程

4. 操作要点

(1) *只是一个说明符，说明跟在后面的标识符是指针变量，只能存地址。

(2) 一行可以定义多个指针变量，各变量之间用逗号分隔，它们将指向同一类型的变量。

(3) 指针变量可以定义为指向字符型、实型以及其他类型的变量。例如，

```
float *p2;
char *ch;
```

三、指针变量作函数参数

指针和函数的关系主要包括3个方面的内容：一是指针可以作为函数的参数；二是函数的返回值可以是指针；三是指针可以指向函数。

(1) 函数的参数不仅可以是整型、实型、字符型等数据，还可以是指针类型。它的作用是将一个地址值传送到另一个函数中。

对于函数参数采用“单向传送”的“值传递”方式，形参值的改变无法传给实参，这时应该用指针变量作为函数参数，在函数执行过程中使指针变量所指向的变量值发生变化，函数调用结束后，这些变量值的变化依然保留下来，这样就实现了“通过调用函数使变量的值发生变化，在主调函数中使用这些改变了的值”的目的。

(2) 指针变量作为函数的参数，调用函数不可能改变实参指针变量的值，但可以改变实参指针变量所指变量的值。

(3) 当调用函数的实参是指针变量时，与之对应的形参必须是指针变量。

四、函数返回地址值

一个函数不仅可以返回整型、实型、字符型等数据，也可以返回指针类型的数据，即地址值。当一个函数返回指针类型数据时，应当在定义函数时对返回值的类型进行说明。格式为：

```
类型标识符   * 函数名 ( 形参表 )
{
    函数体 ;
}
```

五、指向函数的指针变量

1. 指向函数的指针变量定义方式：

```
类型说明符号 (* 指向函数的指针变量名 ) ();
```

例如：

```
int (*p)( );
```

说明：p是一个指向函数的指针变量，该函数的返回值只是整型数据，也就是说p所指向的函数只能是返回值为整型的函数。

2. 操作要点

（1）(*p)()表示定义一个指向函数的指针变量，是专门用来存放函数的入口地址的。

（2）在给函数指针变量赋值时，只需给出函数名而不必给出参数。如p=total;。

（3）对指向函数的指针变量，如p+n、p++、p--等运算是无意义的。

（4）注意定义指向函数的指针变量int (*p)()中*p两侧的括号不可省略，如写成int *p();，则成了声明一个返回值是指向整型变量的指针。

知识应用

（1）指针变量操作示例。

```
#include <stdio.h>
void main()
{
   int a1=1;
   int a2=2;
   int *p;
   p=&a1;                /*p 现在指向 a1*/
   a2=*p;                /*a2 现在的值为 1*/
   printf("*p=%d\n",*p);
   printf("a2=%d\n",a2);
}
```

分析：

① int *p; 是定义指针变量p，它还没有指向任何变量，如图8-4（a）所示。

② p=&a1; &a1表示取变量a1的地址，然后赋给指针变量p，即p指向a1。

③ a2=*p; *p表示指针变量p所指向的变量，即a1。将*p（或a1）的值赋给变量a2，所以a2的值为1，如图8-4（b）所示。

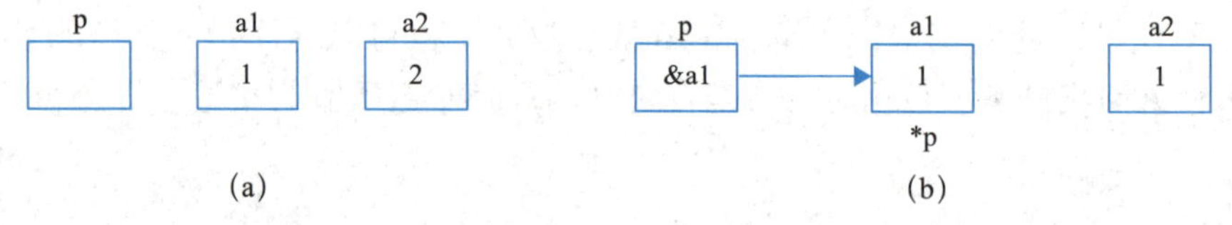

图 8-4　指针变量操作

（2）编写一个函数，它接收传递过来的一个整数值，返回该值所对应的英文名。比如接收的是10，那么返回十月的英文名October。由于英文名是一个字符串，所以返回的实际是该字符串的地址（指针）。

分析：

① 在void main()函数中定义变量x用来接收数字，并将其作为实参变量。

② 在void main()函数中定义字符型指针变量ptr，用来保存从指针型函数m_name()返回的地址。

③ 定义指针型函数m_name()实现将所得到的数字转换为相应的月份，其返回值为指针型。

```
#include <stdio.h>
char *m_name(int k);
void main()
{
   int x;
   char *ptr;
   printf("请输入一个数字\n");
   scanf("%d",&x);                    /*输入相应的数字*/
   ptr=m_name(x);                     /*对函数m_name()的调用*/
   printf("这个数字对应的月份是%s\n",ptr);
}

char *m_name(int k)                   /*函数m_name()的定义*/
{
   char name[][50]={"illegal month","January","February","March","April","May",
     "June","July","August","September","October","November","December"};
   if(k<1||k>12)
     return name[0];
   else
     return name[k];
}
```

（3）使用指针求a与b的和。

分析：

① 定义函数total()实现a与b的和，此程序可以采用两种方式调用该函数，一种使用函数名调用，另一种则使用指向函数的指针变量调用。此程序使用第二种方式调用。

② 定义一个指向函数的指针变量p，用语句p=total;将其指向函数total，则p指向该函数的入口处，如图8-5所示。

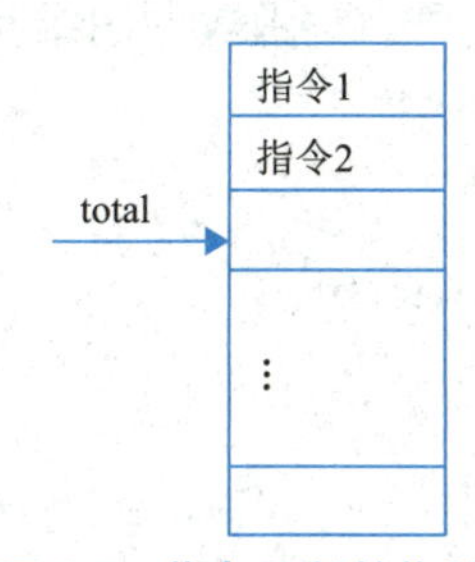

图 8-5　指向函数的指针

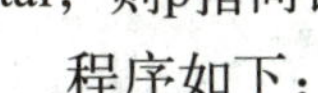

程序如下：

```
#include <stdio.h>
int total(int x,int y);
void main()
{
   int total(int,int);
   int (*p)();              /*定义一个指向函数的指针变量p*/
   int a,b,c;
   p=total;                 /*指针变量p指向函数total*/
```

```
    printf(" 请输入第 1 个数 :\n");
    scanf("%d",&a);
    printf(" 请输入第 2 个数 :\n");
    scanf("%d",&b);
    c=(*p)(a,b);
    printf("a=%d,b=%d,sum=%d",a,b,c);
}
int total(int x,int y)
{
    int z;
    z=x+y;
    return(z);
}
```

任务实施

一、任务流程分解

流程描述：利用指针使两个整型变量的值交换后输出。

分析:

① 用户自定义函数swap()，实现交换两个变量（a和b）的值。

② 在主函数中定义两个指针变量p1、p2分别指向变量a和b，如图8-6（a）所示。

③ 在函数调用时，把指针变量p1、p2作为实参变量传送给形参变量x、y，采取的依然是“值传递”方式。因此虚实结合后形参x的值为&a，y的值为&b，如图8-6（b）所示。

④ 在swap()函数中，使*x和*y的值互换，也就是使a和b的值互换。互换后的情况如图8-6（c）所示。

⑤ 函数调用结束后，x和y释放，如图8-6（d）所示。

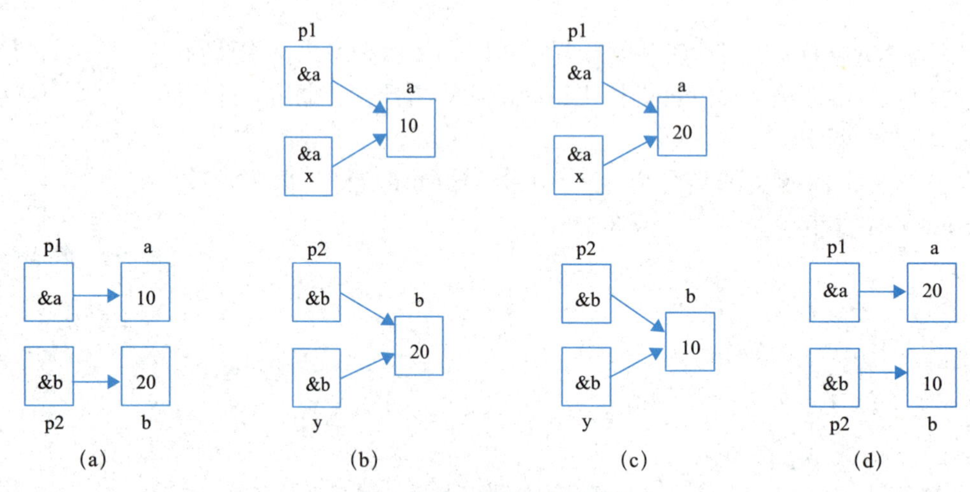

图 8-6　整型变量的值交换

二、知识扩展

swap() 函数说明

swap()函数形式参数表为int *x,int *y，主函数调用方式为swap(p1,p2);，形参是指针变量，实参也是指针变量。交换算法中采用指向运算符*，所以*x、*y和p1、p2指向相同的数据a、b，最终实现了交换。

三、代码实现

```
#include <stdio.h>
void swap(int *x,int *y)
{
    int temp;
    temp=*x;
    *x=*y;
    *y=temp;
}
void main()
{
    int a=10,b=20;
    int *p1,*p2;
    printf(" 交换前 a=%d, b=%d\n",a,b);
    p1=&a;
    p2=&b;
    swap(p1,p2);
    printf(" 交换后 a=%d, b=%d\n",a,b);
}
```

视 频

交换数字

四、结果演示

本任务的结果演示如图8-7所示。

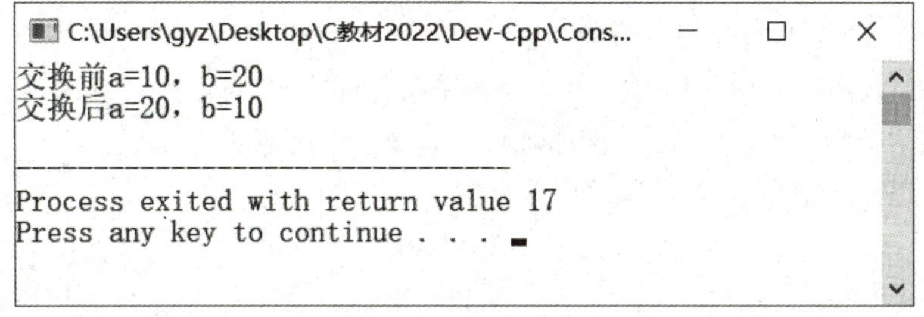

图 8-7　结果演示

任务 22　价 格 排 序

任务描述

本任务是设计完成在某电商网站上，要求用冒泡排序法，让商品按照价格从低到高排列显示。

知识准备

一、一维数组名及数组元素的地址

1. 数组元素的地址

任何一个变量在内存中都有其地址，而数组包含了多个元素，每个数组元素在内存中也都有相应的地址。如有以下数组定义：

```
int a[10];
```

定义数组a包含10个整型元素，每个元素可以用：

```
数组名［下标］
```

的方式表示，那么每个数组元素的地址可以用：

```
&数组名［下标］
```

来表示。即a[3]表示下标为3的数组元素，&a[3]表示下标为3的元素的地址。

2. 数组名

数组名代表数组的首地址，当定义数组并被分配内存时，它的首地址也就确定下来，数组名也就是该数组的首地址。那么如何计算和表示数组中的各元素的地址呢？如数组：

```
int a[10];
```

数组名a就是数组的首地址，a[0]的地址是a，a[1]的地址可以用a+1表示，同样，a+i是a[i]的地址，数组元素存储情况如图8-8所示。

在编译系统计算实际地址时，a+i中的i要乘上数组元素所占的字节数，即a+i×(一个元素所占的字节数)。

引用一个数组元素，可以用两种方法，一种是下标法，即a[3]就是用下标法表示的数组元素；另一种是地址法，如a+3就是a[3]的地址，*(a+3)就是a[3]。因此下面两者是等价的：

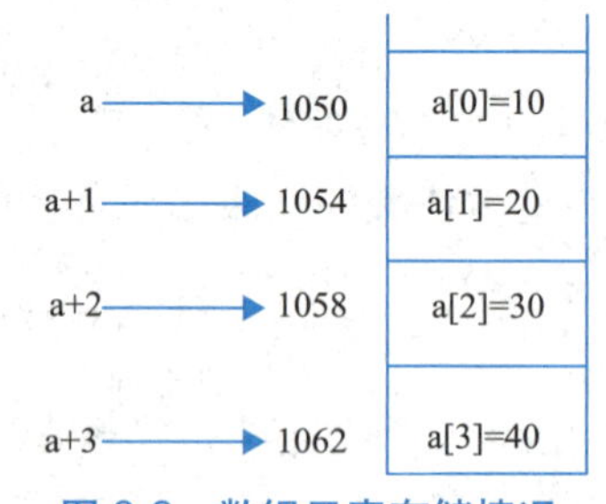

图 8-8　数组元素存储情况

```
a[i]—— 下标法
*(a+i)—— 地址法
```

都是指a数组中序号为i的元素值。

二、指向一维数组的指针变量

（1）定义了一维数组后，可以定义类型相同的指针变量指向该数组元素或数组的首地址，例如：

```
int *p;
p=&a[0];
```

p指向a，*p就是a[0]的值，*(p+1)就是a[1]的值，如图8-9所示。

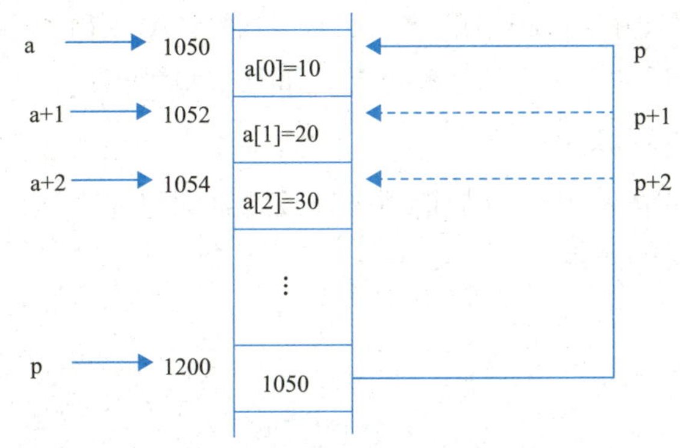

图 8-9　指向一维数的指针变量

对于数组元素a[i]，可以用4种方式表示：a[i];、p[i];、*(a+i);和*(p+i)。

对于数组元素a[i]的地址也有4种方式表示：&a[i];、p[i];、a+i;和p+i。

（2）操作要点：

① p是指针变量，它的值可以不断变化，因此p可以指向不同的数组元素。例如，p++表示使p的值加1再赋给p，使p指向当前数组元素的下一个元素。

② 数组名a代表数组的起始地址，它是一个常数，不能做自加（或自减）运算，因此它不能改变其指向。

例如，用下面的方法输出a数组中的元素是错误的。

```
for(i=0;i<3;i++)
printf("%d",*a++);
```

③ 在使用指针法访问数组元素时，注意“下标是否越界”。C编译系统不指出“下标越界”错误，如果下标越界，程序运行后可能得到意想不到的结果。

④ 指针可以进行关系运算。例如for(p=a;p<a+3;p++)语句，p<a+3就是两个地址进行比较。当p的值（地址）小于a+3的值（地址）时，执行循环体语句。

三、二维数组名及数组元素的地址

定义一个2行3列的二维数组：

```
int a[2][3]={{1,2,3},{4,5,6}};
```

a是一个数组名，a数组包含2行，即2个元素：a[0]和a[1]。而每一元素又是一个一维数组，它包含3个元素，如a[0]所代表的一维数组又包含3个元素：a[0][0]、a[0][1]和a[0][2]。

和一维数组名一样，二维数组名也代表二维数组的首地址，现在的首元素不是一个整型变量，而是由3个整型元素所组成的一维数组，因此a代表的是首行的首地址。a+1代表第1行的首地址。对于二维数组a中的第i行、第j列的元素的地址，可表示为a[i]+j或*(a+i)+j，如图8-10所示。

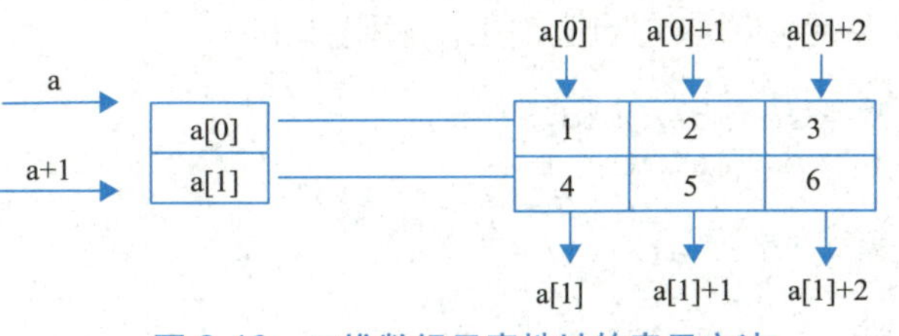

图 8-10　二维数组元素地址的表示方法

二维数组元素有4种表示方法：a[i][j];、*(a[i]+j);、*(*(a+i)+j);和(*(a+i))[j];。

二维数组元素的地址有3种表示方法：&a[i][j];、a[i]+j;和*(a+i)+j;。

四、指向二维数组的指针变量

（1）指向二维数组元素的指针变量是指用来存放二维数组元素地址的变量。可以通过指向元素的指针来引用二维数组的元素。

例如，定义：

```
int a[2][3];
int *p;
p=a[0];
```

则p是整型的指针变量，并且通过赋初值使它指向整型数组a的首地址，*p的值是a[0][0]。

（2）对于指针变量p可以通过语句p=a[0]或p=&a[0][0]指向二维数组，如果改写为p=a就会出错。

五、指向二维数组的行指针变量

所谓行指针变量，就是用来存放“行”地址的变量，即行指针变量是指向一维数组的指针变量，定义格式如下：

```
类型名 (* 指针变量名)[数组长度]
```

例如：

```
int (*p)[5];
```

*p有5个元素，每个元素为整型。也就是p所指的对象是有5个整型元素的数组，即p是行指针，如图8-11所示。

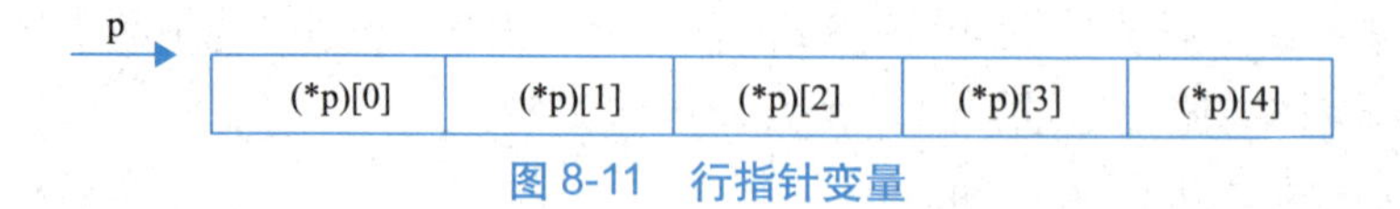

图 8-11　行指针变量

知识应用

1. 指针方法输出数组 a 中的全部元素

分析：

（1）用下标法访问数组元素时，是先计算出数组元素a[i]的地址a+i，然后再找到它指向的存储单元，读取它的值输出。代码如下：

```
#include <stdio.h>
void main()
{
   int a[3],i;
   a[0]=10;
   a[1]=20;
```

```
    a[2]=30;
    for(i=0;i<3;i++)
        printf("a[%d]=%d\n",i,a[i]);
}
```

运行结果：

```
a[0]=10
a[1]=20
a[2]=30
```

（2）用地址法访问数组元素方法一：直接通过*(a+i)访问地址a+i所指向的数组元素a[i]。数组a的起始地址是不变的，可以利用整型变量i的不断变化，从而使*(a+i)指向数组中的不同元素。利用数组名计算数组元素地址，输出各元素的值，代码如下：

```
#include <stdio.h>
void main()
{
    int a[3],i;
    a[0]=10;
    a[1]=20;
    a[2]=30;
    for(i=0;i<3;i++)
      printf("a[%d]=%d\n",i,*(a+i));
}
```

运行结果：

```
a[0]=10
a[1]=20
a[2]=30
```

（3）用地址法访问数组元素方法二：利用指针变量p指向数组元素的方法输出各元素值。首先，p的初值等于a，p指向a数组中下标为0的元素a[0]，*p就是a[0]；在输出*p值之后，p++使指针p指向下一个元素，即p指向a[1]。在输出*p的值之后，p++又使指针p指向下一个元素，……直到p=a+3为止，从而输出a数组的3个元素值。用指针变量指向数组元素，输出各元素的值，代码如下：

```
#include <stdio.h>
void main()
{
    int a[3],i;
    a[0]=10;
    a[1]=20;
    a[2]=30;
    for(i=0;i<3;i++)
      printf("a[%d]=%d\n",i,*(a+i));
}
```

运行结果：

```
a[0]=10
a[1]=20
a[2]=30
```

2. 用指针变量输出数组元素的值

分析：

（1）定义指针变量p，通过语句p=a[0]使指针变量p指向数组a。

（2）指针变量p+1使p的地址值增加两个字节，移到指向下一个元素处。循环执行12次，输出全部元素的值。代码如下：

```
#include <stdio.h>
void main()
{
   int a[3][4]={1,2,3,4,5,6,7,8,9,10,11,12};
   int *p;
   for(p=a[0];p<a[0]+12;p++)
   {
     if((p-a[0])%4==0&&(p-a[0])/4!=0)
        printf("\n");
     printf("%4d",*p);
   }
}
```

运行结果：

```
1   2   3   4
5   6   7   8
9  10  11  12
```

任务实施

一、任务流程分解

任务流程描述：程序开始后，用户自行录入10个待排序的商品价格，用空格隔开，程序会根据用户录入的商品价格按冒泡排序的方法进行排序，最后输出排序后的结果。

视 频

价格排序

二、知识扩展

（1）冒泡排序原理：比较两个相邻的元素，将值大的元素交换到右边。

（2）冒泡排序思路：依次比较相邻的两个数，将比较小的数放在前面，比较大的数放在后面。

三、代码实现

```
#include <stdio.h>
void print_result(float *,int);
void bubble_sort(float *,int);
void main()
{
    int i;
```

```
    float array[10];
    float * pointer;
    printf(" 请输入 10 个待排序的物品的价格，以空格隔开：\n");
    for(i=0;i<10;i++)
  {
      scanf("%f",&array[i]);
    }
    pointer=array;
    bubble_sort(pointer,10);
    printf(" 排序后结果是：\n");
    print_result(pointer,10);
}
/* 输出结果 */
void print_result(float *p,int n)
{
    int k;
    for(k=0;k<n;k++)
    {
      printf("%g    ",*(p+k));
    }
}
/* 全用指针的冒泡排序法 */
void bubble_sort(float *pt,int n)
{
   int i,j;
   float tempnum;

   for(i=0;i<n;i++){
     for(j=i+1;j<n;j++)
     {
         if(*(pt+j)<*(pt+i))
         {
             tempnum=*(pt+i);
             *(pt+i)=*(pt+j);
             *(pt+j)=tempnum;
         }
     }
   }
}
```

四、结果演示

本任务的结果演示如图8-12所示。

```
C:\Users\gyz\Desktop\C教材2022\Dev-Cpp\ConsolePauser.e...
请输入10个待排序的物品的价格，以空格隔开：
12 18 8 25 36 29 45 16 50 15
排序后结果是：
8    12    15    16    18    25    29    36    45    50
--------------------------------
Process exited with return value 10
Press any key to continue . . .
```

图 8-12　结果演示

任务23　字符查找

任务描述

本任务设计完成一个字符匹配查找程序。程序运行后，用户可查找出关键字首次出现的位置坐标。

知识准备

一、指向字符数组的指针变量

（1）字符串是存放在字符数组中的。为了对字符串进行操作，可以定义一个字符数组，也可以定义一个字符指针，通过指针的指向访问所需要的字符。

```
char string[]="China";
char *p;
p=string;
```

p是指向字符数组的指针变量，将string数组的起始地址赋给p，可以通过p++逐个输出字符，直至遇到"\0"为止。

（2）通过指针变量输出字符串，可以用%c和%s格式输出，直至遇到"\0"为止。

二、指向字符串常量的指针变量

（1）在程序中为了方便和简捷地处理字符串，会利用一个字符指针变量指向字符串常量，其方法有两种：

① 在指针变量初始化时。格式是：

```
char *<指针变量名>=<字符串常量>;
```

例如：

```
char *s="I love China! ";
```

② 在程序中，直接将字符串常量赋给一个字符型指针变量。格式是：

```
char *<指针变量名>;
<指针变量名>=<字符串常量>;
```

例如：

```
char *s;
s="I love China!";
```

（2）操作要点：

```
char *s="I love China!";
```

等价于

```
char *s;
s="I love China! ";
```

采用字符指针指向的字符串与采用字符数组存放的字符串不同，对于数组元素赋值，可以在定义数组时整体赋初值，也可以在定义之后逐个元素赋值，但不能在定义后整体赋值。下面的用法是错误的：

```
char c[12];
c="I love China! ";
```

知识应用

统计字符个数

用指针的方法统计字符串"I love China!"中单词的个数。规定单词由字母组成，单词之间由空格分隔，字符串开始和结束没有空格。

代码如下：

```
#include<stdio.h>
void main()
{
   char string[]="I Love China!";       /* 我爱中国 */
   char *p=string;
   int n=0;

   while(*p!='\0')
   {
      if(*p==' ')                        /* 注意：引号中有英文空格 */
      {
         n++;
         ++p;
         while(*p++==' ');               /* 指针继续移动，忽略后面连续的空格 */
      }
      else
         p++;
   }
   n=n+1;                                /* 单词个数等于间隔数加 1 */

   printf("n=%d\n",n);
}
```

运行结果：

```
n=3
```

任务实施

一、任务流程分解

本任务设计完成一个“寻国找国”程序。程序运行后，用户可查找出关键字首次出现的位置坐标。

流程描述：编写一个函数用来查找一个字符串在另外一个字符串中的位置，注意有可能出现多次，本次任务能够查找到首次出现的位置即可。

视 频

寻党找党

二、知识扩展

1. 字符的长度

在C语言中，英文字符占1字节；中文字符所占字节数与文本编码有关，一般GB2312、Unicode占2字节。本任务使用了中文字符，注意其换算关系。

三、代码实现

```
#include<stdio.h>
int act(char *source,char *subs)
{
    char *p1,*p2;
    p1=source;
    p2=subs;

    while(*p1!='\0' && *p2!='\0')
    {
        if(*p1==*p2)
        {
            p2++;
            if(*p2=='\0')
            return(int)(p1-source-(p2-subs)+1);
        }
        else
            p2=subs;
        p1++;
    }
    return 0;
}

void main()
{
    char str[]="我爱祖国，我爱中国共产党！";
    int pos,hanspos;
    pos=act(str,"国");
    hanspos=pos/2;
    printf("国首次出现的位置是%d\n",hanspos+1);
}
```

四、结果演示

本任务的结果演示如图8-13所示。

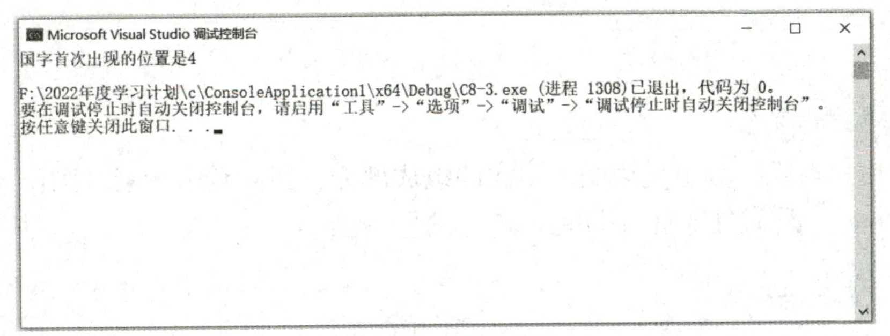

图 8-13　结果演示

任务 24　姓 名 排 序

任务描述

本任务设计完成一个姓名排序软件。程序运行后，完成按照字典顺序对姓名进行排序。

知识准备

一、值传递方式与地址传递方式

1. 值传递方式

值传递方式是实参和形参之间为单向传递的关系，即只能由实参传值给形参，而形参的变化不会影响到实参。例如：

```
void main()
{
  …
  c=add(a,b);
  …
}
float add(float x,float y)
{…}
```

2. 地址传递方式

地址传递方式传递的不是数值，而是地址。在函数调用时，首先由实参向形参赋值，此时形参与实参的值相同，即实参和形参指示了相同的地址单元；在函数体执行中，改变形参所指向的单元内容，也就改变了实参所指单元的内容。例如：

```
void main()
{
  …
  c=swap(&a,&b);
  …
}
```

```
float swap(float *x,float *y)
{…}
```

二、数组元素作实参

实参是表达式形式，数组元素是表达式的组成部分，因此数组元素可以作为函数的实参，与变量作实参一样，是单向传递，“即值传递方式”。例如：

```
void main()
{
  int a[3]={1,2,3},sum;
  sum=add(a[0],a[1]);
  …
}
int add(int x,int y)
{
  …
}
```

操作要点：

（1）函数调用时，将数组元素作为实参传递给形参，这时实参和形参是单向传递的关系。

（2）函数调用时，若将数组元素的地址作为实参，则相应的形参为数组类型的指针，可以达到间接修改数组元素值的目的。

三、数组名作实参

用数组名作为函数参数时，由于数组名代表的是数组首元素的地址，因此传递的值是地址，所以要求形参为指针变量。

例如：

```
void main()
{
  int a[10];
  …
  f(a,10);
  …
}
```

```
f(int *arr,int n)
{
  …
}
```

等价于：

```
void main()
{
  int a[10];
  …
  f(a,10);
  …
}
```

```
f(int arr[10],int n)
{
  …
}
```

当函数的参数为数组名时，形参数组和实参数组共占同一段内存单元，形参数组中元素的变化会使得实参数组中的元素发生同样的变化，如图8-14所示。

a[0]	80	arr[0]	
a[1]	90	arr[1]	← arr
a[2]	75	arr[2]	

图 8-14　数组名做实参

操作要点：

当数组名作为实参，想在函数中改变此数组元素的值时，实参与形参的对应关系有下述4种情况。

（1）形参和实参都用数组名。

```
void main()
{
   int a[10];
   …
   f(a,10);
   …
}
```

```
f(int x[ ],int n)
{
   …
}
```

（2）实参用数组名，形参用指针变量。

```
void main()
{
   int a[10];
   …
   f(a,10);
   …
}
```

```
f(int *x,int n)
{
   …
}
```

（3）实参形参都用指针变量。

```
void main()
{
   int a[10],*p;
   p=a;
   …
   f(p,10);
   …
}
```

```
f(int *x,int n)
{
   …
}
```

（4）实参为指针变量，形参为数组名。

```
void main()
{
   int a[10],*p;
   p=a;
   …
   f(p,10);
   …
}
```

```
f(int x[],int n)
{
   …
}
```

四、指针数组的定义和使用

指针数组是指数组中每个元素都是同类型的指针类型，即指针数组是用来存放一批地址的。其定义形式为：

```
类型名  *数组名[数组长度]
```

例如：

```
char *name[3]={"Li Fen","Zhang Li","Li Miao"};
```

name是一维数，它有3个元素，每个元素都是指向字符数据的指针型数据，如图8-15所示。

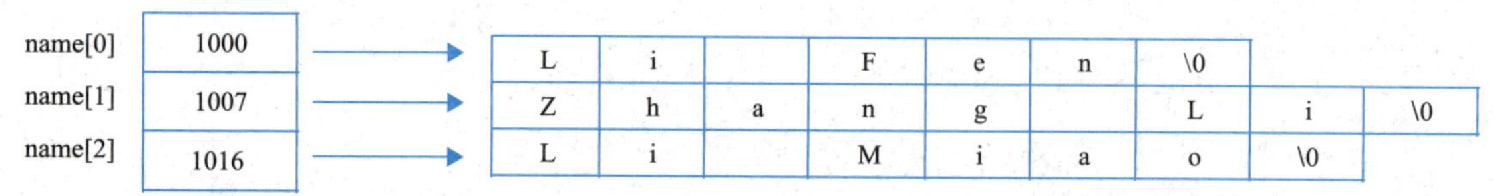

图 8-15　指针数组

操作要点：

（1）int *(p)[3]与int *p[3]是不同的，前者是一个指向一维数组的指针变量，后者是一个包含3个元素的指针数组。

（2）指针数组常与二维数组和字符串相联系，指针数组的元素用来指向二维数组的行或字符串等。

知识应用

一、函数参数应用

（1）此程序为通过自定义函数完成交换数组中两个值，通过两种方法实现，第一种方法是数组元素作实参，与之对应的形参是变量，形参值的交换没有影响到实参，实参仍保留原有值，如图8-16所示。

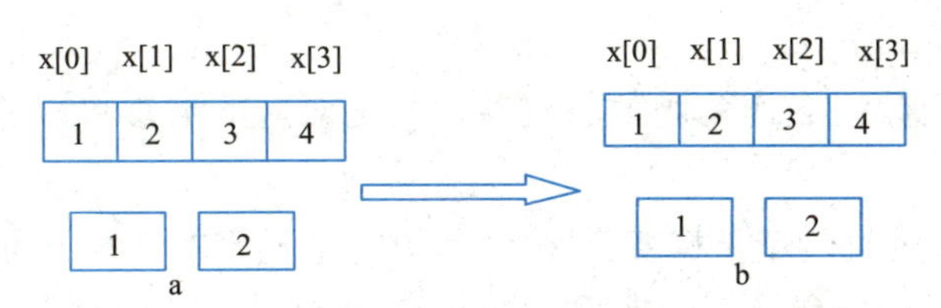

图 8-16　形参变量的交换

（2）第二种方法是数组元素的地址为实参，与之对应的形参是指针变量，在自定义函数中交换的是形参指针变量所指向单元的内容，那么实参地址中的内容也随之改变，如图8-17所示。

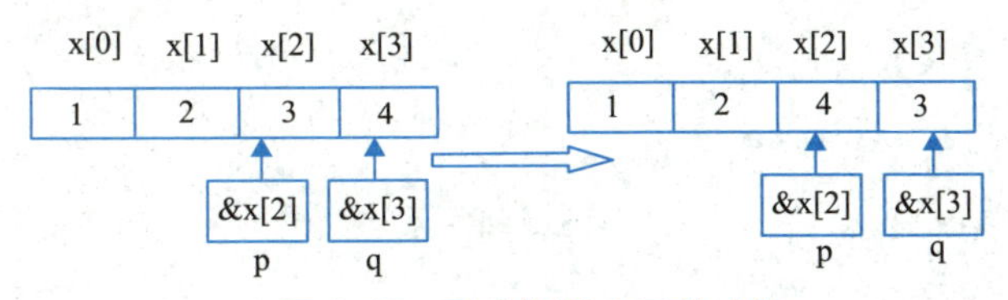

图 8-17　形参指针变量的交换

```
#include<stdio.h>
void swap1(int a,int b)
{
   int c;
   c=a;
   a=b;
   b=c;
}
void swap2(int *p,int *q)
{
   int t;
   t=*p;
   *p=*q;
   *q=t;
}
void main()
{
   int x[4]={1,2,3,4},k;
   swap1(x[0],x[1]);
   swap2(&x[2],&x[3]);
   printf("\n");
   for(k=0;k<4;k++)
   {
      printf("%5d",x[k]);
   }
}
```

运行结果：

```
1    2    4    3
```

二、逆向输出数据

将数组的第一个元素放到最后一个位置，将第二个元素放到倒数第二个位置……直至最后一个元素放到第一个位置。

(1) 函数调用时，把数组名作为函数的实参，与之对应的形参可以是同一容量的数组，也可以是指针变量。

(2) 在实现交换时，定义两个下标变量l和r，l为第一个元素的下标，r为最后一个元素的下标。只要判断语句l<r为真时，相应交换下标是l和r的元素，直到条件为假结束。程序如下：

```
#include<stdio.h>
void main()
{
   void fun(int b[10]);
   int a[10],k;
   printf("请输入 10 个数据 \n");
   for(k=0;k<10;k++)
   {
     scanf("%d",&a[k]);          /* 输入数组元素 */
   }
   fun(a);                       /* 调用函数 */
   printf("\n 现在数组是 :\n");
   for(k=0;k<10;k++)
   {
      printf("%3d",a[k]);        /* 输出数组元素 */
   }
}
void fun(int b[10])
{
   int l,r,t;
   l=0;
   r=10-1;                       /*l 指示左端元素的下标, r 指示右端元素的下标 */
   while(l<r)
   {
      t=b[l];
      b[l]=b[r];
      b[r]=t;
      l++;
      r--;
   }
}
```

三、查找学生

先存储一个班学生的姓名，从键盘输入一个姓名，查找该人是否为该班学生。

(1) 定义一个指针数组，使每个元素指向一个字符串。

(2) 输入需要查找的姓名，将此名字与班上已有的名字比较，如果有相同，则使开关变量flag为1，否则flag为零。根据flag的值决定输出的结果。

```
#include<stdio.h>
void main()
{
   int i,flag=0;
```

```
    char *name[5]={"Li Fen","Zhang Li","Lin Mei","Sun Fei","Wang Bo"};
    char your_name[20];
    printf(" 请输入你的名字 :");
    gets(your_name);
    for(i=0;i<5;i++)
    {
       if(strcmp(name[i],your_name)==0)   /* 比较两个字符串是否相同 */
       {
          flag=1;
       }
    }
    puts(your_name);
    if(flag==1)
    {
       printf(" 在这个班级 \n");
    }
    else
    {
       printf(" 不在这个班级 \n");
    }
}
```

任务实施

一、任务流程分解

流程描述：按字典序给若干个字符串排序。

二、分析

（1）定义一个指针数组cp，其包含6个字符串常量的首地址。

（2）程序采用选择法字符串进行排序，每次选择通过strcmp()函数比较字符串的大小，用k保存当前的最小串所在位置，当该次选出的最小串不在合适位置时，通过交换将其放在正确位置，这里交换的是指向字符串的指针变量的位置，其示意图如图8-18所示。

cp[0]	W	a	n	g	B	o	\0
cp[1]	S	u	n	F	e	i	\0
cp[2]	L	i	n	M	e	i	\0
cp[3]	Y	a	n	g	X	u	\0
cp[4]	Z	h	a	o	L	i	\0
cp[5]	L	i	F	e	n	\0	\0

图 8-18　字符串排序

姓名排序

三、代码实现

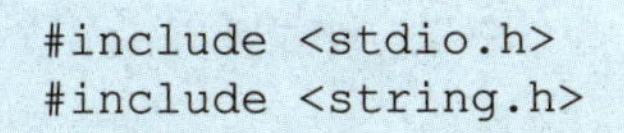

```
#include <stdio.h>
#include <string.h>
```

```
void main()
{
    char *cp[6]={ "Li Fen","Zhao Li","Lin Mei","Sun Fei","Wang Bo","Yang Xu"};
    int i,j,k;
    char *temp;
    for(i=0;i<6;i++)
    {
        k=i;
        for(j=i+1;j<6;j++)
            if(strcmp(cp[j],cp[k])<0)       /* 比较两个字符的大小 */
                k=j;
            if(k!=i)
            {
                temp=cp[i];                 /* 交换两个指向字符串的指针变量的位置 */
                cp[i]=cp[k];
                cp[k]=temp;
            }
    }
    printf("\n姓名排序后的结果是: \n");
    for(i=0;i<6;i++)
        printf("\n%s\n",cp[i]);
}
```

四、结果演示

本任务的结果演示如图8-19所示。

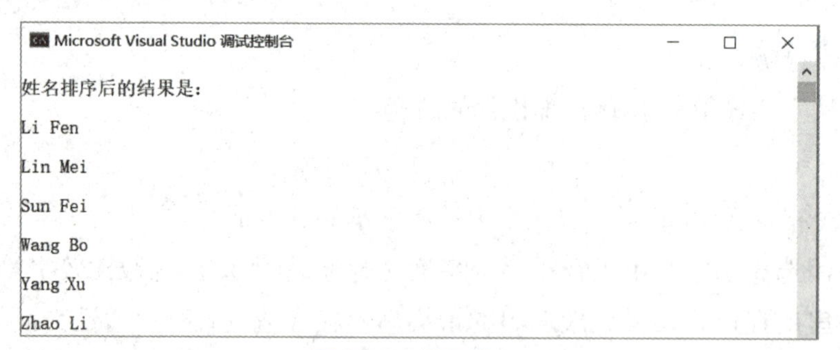

图 8-19　结果演示

小　结

指针是一个特殊的变量，它里面存储的数值被解释成为内存中的一个地址。要弄清一个指针的含义，需要搞清指针4方面的内容：指针的类型、指针所指向的类型、指针的值或者称指针所指向的内存区及指针本身所占据的内存区。从语法的角度看，只要把指针声明语句中的指针名字去掉，剩下的部分就是这个指针的类型，这是指针本身所具有的类型。

指针的类型（即指针本身的类型）和指针所指向的类型是两个概念。当对C语言越来越熟悉时，把与指针搅和在一起的“类型”这个概念分成“指针的类型”和“指针所指向的类型”两个概念，是精通指针的关键点之一。

练 习 题

初级题

一、选择题

1. 变量的指针含意是指变量的（　　）。

A. 值　　B. 地址　　C. 存储内容　　D. 名字

2. 设int a,*p;,则语句p=&a;中的运算符“&”的含义是（　　）。

A. 按位与运算　　B. 逻辑与运算　　C. 取指针内容　　D. 取变量地址

3. 若有说明;int *p,m=5,n;以下正确的程序段是（　　）。

A. p=&n;scanf("%d",&p);　　B. p=&n;scanf("%d",*p);

C. scanf("%d",&n);*p=n;　　D. p=&n;*p=m;

4. 若有定义：int x[5], *p=x;，则不能代表x数组首地址的是（　　）。

A. x　　B. &x[0]　　C. &x　　D. p

5. 若有定义:int a[2][3];则对a数组的第i行第j列元素地址的正确引用是（　　）。

A. *(a[i]+j)　　B. (a+i)　　C. *(a+j)　　D. a[i]+j

6. 设有定义：char *cc[2]={"1234","5678"};则正确的叙述是（　　）。

A. cc数组的两个元素中各自存放了字符串"1234"和"5678"的首地址

B. cc数组的两个元素分别存放的是含有4个字符的一维字符数组的首地址

C. cc是指针变量，它指向含有两个数组元素的字符型一维数组

D. cc元素的值分别为"1234"和"5678"

7. 关于下列函数语句声明的说法正确的是（　　）。

```
inf *f(int x, int y);
```

A. 声明了一个返回值为整型指针的函数

B. 声明了一个返回值为整型的函数指针

C. 该语法有错误

D. 可以将该函数的结果赋给一个整型变量

8. 已有函数max(a,b)，为了让函数指针变量p指向函数max，正确的赋值方法是（　　）。

A. p=max;　　B. p=max(a,b);　　C. *p=max;　　D. *p=max(a,b);

9. 设p1和p2是指向同一个字符串的指针变量，c为字符变量，则以下不能正确执行的赋值语句是(　)。

A. c=*p1+*p2;　　B. p2=c　　C. p1=p2　　D. c=*p1*(*p2);

10. 下列程序段编译、执行的结果为（　　）。

```
char s1[5],s2[ ]="enjoy";
s1=s2;
printf("%s",s1 );
```

A. enjoy　　B. joy　　C. en　　D. 编译出错

二、程序题

输入3个数，用指针、函数调用方法将数按由大到小的顺序输出。

中级题

一、选择题

1. 若有定义：int a[2][3];则对a数组的第i行第j列元素值的正确引用是（　　）。

A. *(*(a+i)+j)　　B. (a+i)[j]　　C. *(a+i+j)　　D. *(a+i)+j

2. 已有变量定义和函数调用语句：int a=25;print_value(&a);下面函数的输出结果是（　　）。

```
void print_value(int *x)
{
    printf("%d\n",++*x);
}
```

A. 23　　B. 24　　C. 25　　D. 26

3. 若有以下函数首部

```
int fun(double  x[10], int  *n)
```

则下面针对此函数的函数声明语句中正确的是（　　）。

A. int fun(double x, int *n);　　B. int fun(double, int);

C. int fun(double *x, int n);　　D. int fun(double *, int *);

4. 以下正确的声明语句是（　　）。

A. int *b[]={1,3,5,7,9} ;

B. int a[5],*num[5]={&a[0],&a[1],&a[2],&a[3],&a[4]};

C. int a[]={1,3,5,7,9}; int *num[5]={a[0],a[1],a[2],a[3],a[4]};

D. int a[3][4],(*num)[4]; num[1]=&a[1][3];

5. 对于语句int *pa[5]；下列描述中正确的是（　　）。

A. pa是一个指向数组的指针，所指向的数组是5个int型元素

B. pa是一个指向某数组中第5个元素的指针，该元素是int型变量

C. pa [5]表示某个元素的第5个元素的值

D. pa是一个具有5个元素的指针数组，每个元素是一个int型指针

6. 下列选项中声明了一个指针数组的是（　　）。

A. int *p[2];　　B. int (*p)[2];

C. typedef *int intPtr;　　D. int Ptr p[2];

7. 有以下定义：

```
char a[10],*b=a;
```

不能给数组a输入字符串的语句是（　　）。

A. gets(a)　　B. gets(a[0])　　C. gets(&a[0]);　　D. gets(b);

8. 若有函数max(a,b)，并且已使函数指针变量p指向函数max()，当调用该函数时，正确的调用方法是（　　）。

A. (*p)max(a,b);　　B. *pmax(a,b);　　C. (*p)(a,b);　　D. *p(a,b);

9. 设已有定义: int a[10]={15,12,7,31,47,20,16,28,13,19},*p;,下列语句中正确的是（　　）。

A. for(p=a;a<(p+10);a++);　　B. for(p=a;p<(a+10);p++);

C. for(p=a,a=a+10;p<a;p++);　　D. for(p=a;a<p+10; ++a);

10. 若有以下定义，则对a数组元素的正确引用是（　　）。

```
int a[5],*p=a;
```

A. *&a[5]　　B. a+2　　C. *(p+5)　　D. *(a+2)

二、程序题

利用指针的方法，求数组中的最小数。

高级题

一、选择题

1. 若有以下说明和语句，int c[4][5],(*p)[5];p=c;能正确引用c数组元素的是（　　）。

A. p+1　　B. *(p+3)　　C. *(p+1)+3　　D. *(p[0]+2))

2. 若有以下定义和语句，则对a数组元素的正确引用是（　　）。

```
int a[2][3], (*p)[3];
p=a;
```

A. (p+1)[0]　　B. *(*(p+2)+1)　　C. *(p[1]+1)　　D. p[1]+2

3. 若有定义:int (*p)[4];则标识符p（　　）。

A. 是一个指向整型变量的指针

B. 是一个指针数组名

C. 是一个指针，它指向一个含有四个整型元素的一维数组

D. 定义不合法

4. 以下与库函数strcpy(char *p1,char *p2)（字符串复制）功能不相等的程序段是（　　）。

A. strcpy1(char *p1,char *p2)　{ while ((*p1++=*p2++)!='\0') ; }

B. strcpy2(char *p1,char *p2)　{ while ((*p1=*p2)!= '\0') { p1++; p2++ } }

C. strcpy3(char *p1,char *p2)　{ while (*p1++=*p2++) ; }

D. strcpy4(char *p1,char *p2)　{ while (*p2) *p1++=*p2++ ; }

5. 若有说明：char *pc[ ]={"aaa", "bbb", "ccc", "ddd"};，则以下叙述正确的是（　　）。

A. *pc[0]代表的是字符串"aaa"　　B. *pc[0]代表的是字符'a'

C. pc[0]代表的是字符串"aaa"　　D. pc[0]代表的是字符'a'

6. 若有语句int *point,a=4;和point=&a;，下面均代表地址的一组选项是（　　）。

A. a,point,*&a
B. &*a,&a,*point
C. *&point,*point,&a
D. &a,&*point ,point

7. 设已有定义: char *st="how are you"; 下列程序段中正确的是（　　）。

A. char a[11], *p; strcpy(p=a+1,&st[4]);
B. char a[11]; strcpy(++a, st);
C. char a[], *p; strcpy(p=&a[1],st+2);
D. char a[11]; strcpy(a, st);

8. 以下程序的输出结果为（　　）。

```
int main()
{
    char s[]="123",*p;
    p=s;
    printf("%c%c%c\n",*p,*++p,*++p);
}
```

A. 122　　B. 123　　C. 322　　D. 332

9. 有以下程序段，执行后输出结果是（　　）。

```
#include <stdio.h>
void main()
{
    char *s[]={"one","two","three"},*p;
    p=s[1];
    printf("%c,%s\n",*(p+1),s[0]);
}
```

A. n,two　　B. t,one　　C. w,one　　D. o,two

10. 有以下程序

```
void main()
{
    int a,k=4,m=4,*p1=&k,*p2=&m;
    a=p1==&m;
    printf("%d\n",a);
}
```

程序运行后的输出结果是（　　）。

A. 4
B. 1
C. 0
D. 运行时出错，无定值

二、程序题

编写strcopy()函数，作用是完成字符串的复制。

第9章 结构、联合与枚举

前面已介绍了基本类型的变量（如整型、实型、字符型变量等），也介绍了一种构造类型数据——数组，数组中的各元素属于同一个类型。但是只有这些数据类型是不够的，有时需要将不同类型的数据组合成一个有机整体，以便于引用。这些组合在一个整体中的数据是互相联系的。例如，表示一个学生的信息有学号、姓名、性别、年龄、成绩等，这些项都与某一学生相联系。那么，学生姓名应为字符型；学号可为整型或字符型；年龄应为整型；性别应为字符型；成绩可为整型或实型。因为数组中各元素的类型和长度都必须一致，以便于编译系统处理，但不能用一个数组来存放这一组数据。

为了解决这个问题，C语言中给出了另一种构造数据类型——结构（structure），又称结构体。它相当于其他高级语言中的记录。"结构"是一种构造类型，它是由若干"成员"组成的。每个成员可以是一个基本数据类型或者又是一个构造类型。结构即是一种"构造"而成的数据类型，那么在说明和使用之前必须先定义它，也就是构造它，如同在声明和调用函数之前要先定义函数一样。

任务25 求某学生的平均成绩

任务描述

本任务设计完成一个可以计算学生平均成绩的软件。程序运行后，要求用户输入自己的各科成绩，并根据其输入的各科成绩求解该学生的平均成绩。

知识准备

一、结构类型的定义

一种结构类型可以根据需要包含若干个不同类型的成员，但成员的个数必须是确定的。需要说明，一个结构类型的各个成员可以是不同类型的，也可以是相同类型的。比如日期，一般用年、月、日来表示，可以用3个整型变量表示，但这是3项密切相关的信息，所以最好是将其定义为结构类型。

1. 结构类型的定义形式如下：

```
struct 结构名
{
    类型名 1 成员名 1;
    类型名 2 成员名 2;
    …
    类型名 n 成员名 n;
};
```

举例：住宿表、成绩表、通信地址表用C语言提供的结构类型进行描述。

结构类型描述如下：

住宿表:

```
struct accommod
{
    char name[20];                              /* 姓名 */
    char sex;                                   /* 性别 */
    char job[40];                               /* 职业 */
    int age;                                    /* 年龄 */
    long number;                                /* 身份证号码 */
};
```

成绩表:

```
struct score
{
    char grade[20];                             /* 班级 */
    long number;                                /* 学号 */
    char name[20];                              /* 姓名 */
    float os;                                   /* 操作系统 */
    float datastru;                             /* 数据结构 */
    float compnet;                              /* 计算机网络 */
};
```

通信地址表:

```
struct addr
{
    char name[20];                              /* 姓名 */
    char department[30];                        /* 部门 */
    char address[30];                           /* 住址 */
    long box;                                   /* 邮编 */
    long phone;                                 /* 电话号码 */
    char email[30];                             /*E-mail*/
};
```

2. 结构类型定义注意事项

（1）定义形式中，struct是声明结构类型时的关键字，不能省略。struct后面跟的是所定义的结构类型的名字，结构名应符合标识符的命名规则。

（2）结构的各个成员用花括号括起来，结构成员的定义方式和变量的定义方式一样，成员名的命名规则和变量相同；各成员之间用分号分隔。结构类型的定义以分号结束。花括号外边的分号不可省略。

(3) 结构成员的数据类型可以是基本类型，也可以是构造类型，如数组；还可以是指针或已说明过的结构。

二、结构变量的定义和初始化

有了结构类型，就可以定义结构类型变量，以对不同变量的各成员进行引用。

1. 定义结构变量的 3 种定义方法

(1) 定义结构类型，再定义结构变量。一般形式为：

```
struct 结构名
{
   成员表列
};
struct 结构名变量名表列；
```

(2) 在定义结构类型的同时定义结构变量。一般形式为：

```
struct 结构名
{
   成员表列
} 变量名表列；
```

(3) 直接定义结构变量。一般形式为：

```
struct
{
   成员表列
} 变量名表列；
```

2. 结构变量的初始化

和其他类型变量一样，对结构变量可以在定义时指定初始值。初始化数据之间要用逗号隔开，不进行初始化的成员项要用逗号跳过。结构变量只能对外部和静态结构变量初始化。

举例：利用不同的方法定义结构变量。

(1) 方法一：

```
struct stu
{
   int num;
   char name[20];
   char sex;
   float score;
};
struct stu boy1,boy2;
```

(2) 方法二：

```
struct stu
{
```

```
    int num;
    char name[20];
    char sex;
    float score;
}boy1,boy2;
```

（3）方法三：

```
struct
{
    int num;
    char name[20];
    char sex;
    float score;
}boy1,boy2;
```

定义并初始化：

```
struct stu boy1={102,"Zhang ping",'M',78.5};
```

3. 结构变量注意事项

（1）定义了结构变量后，系统会为其分配内存单元，结构变量所占用存储空间的大小等于各成员项占用内存空间大小之和。

（2）类型与变量是不同的概念，不要混同。只能对变量赋值、存取或运算，而不能对一个类型赋值、存取或运算。在编译时，对类型是不分配空间的，只对变量分配空间。

（3）对结构中的成员，可以单独使用，它的作用与地位相当于普通变量。

（4）成员也可以是一个结构变量。

（5）成员名可以与程序中的变量名相同，两者不代表同一对象。

三、结构变量的引用

1. 结构变量中成员的一般形式是

```
结构变量名 . 成员名
```

也可以通过指向结构的指针引用结构的成员，形式为：

```
(* 指针变量名 ). 成员名或者指针变量名 -> 成员名
```

2. 结构变量注意事项

（1）不能将一个结构变量作为一个整体进行输入和输出，只能对结构变量中的各个成员分别进行输入和输出。例如，已定义student1和student2为结构变量并且它们已有值。不能这样引用：

```
printf("%d,%s,%c,%d,%f,%s\n",student1);
```

（2）如果成员本身又属一个结构类型，则要用若干个成员运算符，一级一级地找到最低一级的成员。只能对最低级的成员进行赋值或存取以及运算。例如，对上例定义的结构变量stu，可以这样访问成员：

```
stu.number
stu.Birthday.year
```

注意：不能用stu.Birthday访问stu变量中的成员Birthday，因为Birthday本身是一个结构变量。

（3）对结构变量的成员可以像普通变量一样进行各种运算（根据其类型决定可以进行的运算）。例如：

```
student.score[0]=stu.score[1];
student.age++;
++student.age;
```

由于“.”运算符的优先级最高，因此student.age++是对student.age进行自加运算，而不是先对age进行自加运算。

（4）可以引用结构变量成员的地址，也可以引用结构变量的地址，但不能整体读入结构变量。

四、联合类型的定义

为了节约内存或便于对数进行特殊处理，C语言允许不同类型的数据共享一段存储单元，这种共享存储单元的特殊数据类型称为联合类型。

1. 联合类型的定义形式

```
union 联合名
{
    数据类型成员名；
    数据类型成员名；
    …
} 联合变量名；
```

举例：定义一个联合类型。

```
union data
{
    int i;
    char ch;
    float f;
};
```

表示联合类型data有3个成员：i、ch、f。其中i是整型，ch是字符型，f是实型。3个成员共占一段内存单元。

2. 联合类型注意事项

（1）union是关键字，标志联合类型。union后面跟的是联合类型的名字，联合名应符合标识符的命名规则。

（2）若括号后是联合的各个成员，定义成员的方式和定义变量相同，各成员之间用分号分隔，联合类型的定义以分号结束。

（3）联合类型的成员可以是基本类型的，也可以是构造类型的，但通常情况下，联合的成员是基本类型的。

（4）联合的所有成员共占一段内存，所有成员的起始地址是相同的，整个联合所占的内存单元的大小等于占用内存单元最多的那个成员所占的单元数。如上例中，成员i是整型，需占2字节；ch是字符型，需占用1字节；f是单精度实型，需占4字节；那么此联合类型需要占4字节，并且，这3个成员所占单元的起始地址和联合的起始地址都是相同的。

（5）联合与结构有下列区别:

① 结构和联合都是由多个不同的数据类型成员组成，但在任何同一时刻，联合中只存放了一个被选中的成员，而结构的所有成员都存在。

② 对联合的不同成员赋值，将会对其他成员重写，原来成员的值就不存在了。而对结构的不同成员赋值则互不影响。

五、联合变量的定义与引用

1. 定义联合变量有 3 种方法

（1）用已定义的联合类型定义联合变量。

（2）定义联合类型的同时定义联合变量。

（3）定义无名联合类型的同时定义联合变量。

举例：使用3种方法定义联合变量。

方法一：

```
union un
{
   char c;
   int k;
   float f;
};
union un un1,un2;
```

方法二：

```
union un
{
   char c;
   int k;
   float f;
}un1,un2;
```

方法三：

```
union
{
   char c;
   int k;
   float f;
}un1,un2;
```

2. 联合变量成员的引用方法

```
联合变量名 . 成员名
```

3. 联合变量的定义与引用注意事项

（1）对于联合变量，只能引用其成员，而不能引用整个联合变量。

（2）也能通过定义指向联合的指针变量引用联合变量，此时要用->符号，此时联合访问成员可表示成：

```
联合名 -> 成员名
```

如已有定义：

```
union un *pu=&un1;
```

那么以下是合法的引用方式：

```
(*pu).c, pu->k
```

（3）联合可以出现在结构内，其成员也可以是结构。反之，结构也可以出现在联合类型定义中，数组也可作为联合的成员。例如：

若要访问结构变量y[1]中联合x的成员i，可以写成：

```
y[1].x.i;
```

若要访问结构变量y[2]中联合x的字符串指针ch的第一个字符可写成：

```
struct
{
   int age;
   char *addr;
   union
   {
      int i;
      char *ch;
   }x;
}y[10];
*y[2].x.ch;        /* 若写成 y[2].x.*ch; 则是错误的 */
```

（4）不能把联合变量作为函数参数，也不能使函数带回联合变量，但可以使用指向联合变量的指针（与结构变量用法相似）。

知识应用

一、结构类型应用

（1）定义一种结构类型（基本信息：姓名、年龄、身高、爱好），定义结构变量，初始化信息为“1. 小刘，18，1.75，羽毛球、篮球、足球”，并输出信息。

```
#include <stdio.h>
/* 结构定义: 个人信息 */
struct person
{
   char name[20];                        /* 姓名 */
```

```
    int age;                                  /* 年龄 */
    float height;                             /* 身高 */
    char hobby[40];                           /* 爱好 */
};
void main()
{
    /* 定义结构变量并初始化 */
    struct person man={"小刘",18,1.75,"羽毛球、篮球、足球"};
    printf("某人个人信息如下: \n");
    printf("姓名: %s\n年龄: %d\n身高: %.2f\n爱好: %s\n",
           man.name,man.age ,man.height,man.hobby);     /* 输出个人信息 */
}
```

（2）定义一种结构类型（基本信息：姓名、语文成绩、数学成绩、英语成绩、总成绩），录入基本信息，并输出信息。

```
#include <stdio.h>
/* 结构定义: 学生成绩信息 */
struct student
{
    char name[20];                            /* 姓名 */
    float chinese;                            /* 语文成绩 */
    float math;                               /* 数学成绩 */
    float english;                            /* 英语成绩 */
    float total;                              /* 总成绩 */
};
void main()
{
    struct student stu;
    printf("请录入某人的成绩信息: \n");
    printf("姓名: ");
    scanf("%s",stu.name);
    printf("语文成绩: ");
    scanf("%f",&stu.chinese);
    printf("数学成绩: ");
    scanf("%f",&stu.math);
    printf("英语成绩: ");
    scanf("%f",&stu.english);
    stu.total=stu.chinese+stu.english+stu.math;  /* 计算总成绩 */
     printf("该同学基本成绩信息如下\n");
    printf("姓名: %s\n语文: %.2f\n数学: %.2f\n英语: %.2f\n总成绩: %.2f\n",
           stu.name,stu.chinese,stu.math,stu.english,stu.total);
           /* 输出学生成绩信息 */
}
```

二、联合类型应用

（1）联合类型与结构类型实际占用存储空间的比较。

```
#include <stdio.h>
union data                 /* 联合类型 */
{
    int a;
```

```
    float b;
    double c;
};
struct stud                    /* 结构类型 */
{
    int a;
    float b;
    double c;
};
void main()
{
    printf("%d,%d",sizeof(struct stud),sizeof(union data));
}
```

运行结果：

```
16,8
```

任务实施

一、任务流程分解

流程描述：程序开始执行后，通过设计的学生成绩信息结构定义相应结构变量，通过输入语句实现各科成绩的录入，并根据录入信息计算学生的平均成绩，将计算结果输出给用户。

(1) 程序初始化分析：定义学生成绩信息结构类型、定义该类型变量、平均成绩。

(2) 数据录入分析：用户录入学生各科的成绩信息。

(3) 数据处理分析：根据录入的信息求解学生的平均成绩。

(4) 输出结果分析：给用户显示该学生的平均成绩。

二、代码实现

```
#include <stdio.h>
/* 定义学生成绩信息结构 */
struct student
{
    float clanguage;                    /*C 语言成绩 */
    float maths;                        /* 数学成绩 */
    float physical;                     /* 物理成绩 */
    float english;                      /* 英语成绩 */
    float biology;                      /* 生物成绩 */
} stu1;
void main()
{
    float average;                      /* 平均成绩 */
    printf(" 请输入 C 语言，数学，物理，英语，生物的成绩 \n");
    /* 录入各科成绩 */
    printf(" 请输入 C 语言成绩 :");
    scanf("%f",&stu1.clanguage);
    printf(" 请输入数学成绩 :");
    scanf("%f",&stu1.maths);
    printf(" 请输入物理成绩 :");
```

视 频

求某学生的平均成绩

```
    scanf("%f",&stu1.physical);
    printf("请输入英语成绩 :");
    scanf("%f",&stu1.english);
    printf("请输入生物成绩 :");
    scanf("%f",&stu1.biology);
    /* 计算平均成绩 */
    average=(stu1.clanguage+stu1.maths+stu1.physical+stu1.english+stu1.biology)/5;
    printf("你本学期平均成绩为: %.2f\n",average);
}
```

三、结果演示

本任务的结果演示如图9-1所示。

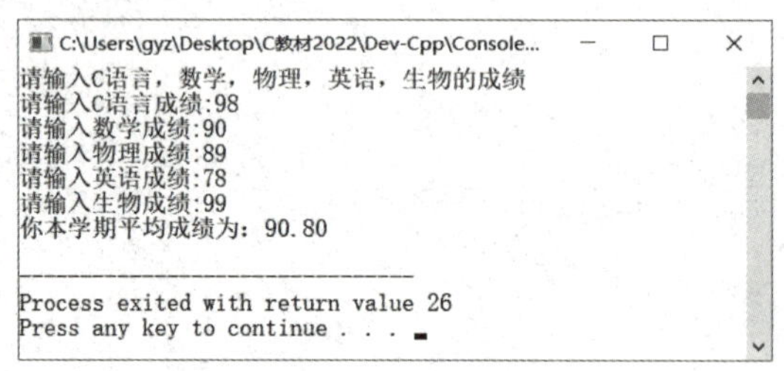

图 9-1　结果演示

任务 26　选举班长

任务描述

某班要进行一次民主选举，确定班长的人选，已知有3名候选人参加本次竞选，本任务设计完成一个可以完成投票计票的软件。程序运行后，要求用户输入选民所投票的候选人名字，选票记录完毕后，自动显示各位候选人的得票数，并根据票数自动确定选举结果。

知识准备

一、结构数组的定义与初始化

一个结构变量中可以存放一组数据（如一个学生的学号、姓名、成绩等数据）。如果有10个学生的数据需要参加运算，显然应该用数组，这就是结构数组。结构数组与以前介绍过的数值型数组的不同之处在于每个数组元素都是一个结构类型的数据，它们都分别包括各个成员（分量）项。

1. 结构数组的定义

结构数组的定义方法和结构变量相似，只需说明它为数组类型即可。结构数组也具有一般数组的性质，结构数组是由固定数目的相同结构类型的变量按照一定的顺序组成的数据类型。

举例：结构数组的定义。

```
struct stu
{
    int num;
    char *name;
    char sex;
    float score;
};
struct stu boy[5];
```

2. 结构数组的初始化

结构数组初始化的一般形式是在定义数组的后面加上“={初值表列};”。

举例：结构数组的初始化。

```
struct student
{
   int num;
   char name[20];
   char sex;
   int age;
};
struct student stu[ ]={100,"Wang Lin",'M',20,
                       101,"Li Gang",'M',19,
                       110,"Liu Yan",'F',19};
```

3. 结构数组定义与初始化注意事项

（1）一个结构数组也可以直接定义，例如：

```
struct stu
{
    int num;
    …
}boy[5];
```

或

```
struct
{
    int num;
    …
}boy[5];
```

（2）结构数组的初始化方法有3种，可以顺序初始化，也可以分行初始化。例如：

```
struct student
{
    int num;
    char name[20];
    char sex;
    int age;
};
struct student stu[]={{100,"Wang Lin",'M',20},
                      {101,"Li Gang",'M',19},
                      {110,"Liu Yan",'F',19}};
```

数组的初始化也可以用以下形式：

```
struct student
{
    int num;
    char name[20];
    char sex;
    int age;
}stu[]={{…},{…},{…}};
```

二、结构数组的引用

1. 结构数组元素的一般引用形式

```
结构数组名 [ 下标 ]. 成员名
```

2. 结构数组引用的注意事项

（1）结构数组元素也是通过数组名和下标来引用的，但其元素是结构类型的数据，因此，对结构数组元素的引用与对结构变量的引用一样，也要逐级引用，只能对最低级的成员进行存取和运算。

（2）可以通过指向结构数组的指针引用数组元素及其成员。

三、向函数传递结构数据

1. 向函数传递结构变量的成员

用结构变量的成员作函数的实参的用法与普通变量作函数的实参的用法相同，要注意作为实参的结构变量的成员的类型要与形参的类型匹配。形参与实参之间仍然是“值传递”的方式。

2. 向函数传递结构变量

在旧版本的C编译系统中不允许结构变量作函数的参数，ANSI C标准取消了此限制，允许函数之间传递结构变量，若实参是结构变量，那么形参也应该是同类型的结构变量。

3. 向函数传递结构变量的地址

向函数传递结构变量的地址是地址传递方式，被调函数中可以通过实参传来的结构变量的地址引用结构变量，从而在被调函数中对结构变量进行修改，也就间接地达到了改变主调函数中的结构变量的值的目的。

4. 向函数传递结构变量的数组

向函数传递结构数组与传递其他数组一样，实质上传递的是数组的首地址，形参数组与实参数组共占内存单元。

知识应用

一、结构数组应用

（1）假设某班有3名学生，定义一种结构类型（包含姓名、班级、学号），定义结构数组，录入学生的这些信息，并输出信息。

```
#include <stdio.h>
/* 学生基本信息类型 */
struct student
{
   char name[20];                /* 姓名 */
   char grade[20];               /* 班级 */
   char number[20];              /* 学号 */
};
void main()
{
   /* 定义学生基本类型变量 */
   struct student stu[3];
   int i;
   /* 输入每个学生的基本信息 */
   printf(" 请输入学生的姓名、班级、学号信息 \n");
   for(i=0;i<=2;i++)
      scanf("%s%s%s",stu[i].name,stu[i].grade,stu[i].number);
   /* 输出每个学生的基本信息 */
   for(i=0;i<=2;i++)
      printf(" 姓名 :%s, 班级 :%s, 学号 :%s\n",stu[i].name,stu[i].grade,stu[i].number);
}
```

2. 计算学生的平均成绩和不及格的人数

```
#include <stdio.h>
/* 定义结构数组 - 学生基本信息 */
struct student
{
   int num;                      /* 学号 */
   char *name;                   /* 姓名 */
   char sex;                     /* 性别 */
   float score;                  /* 成绩 */
} stu[5]={{101,"Li ping",'M',45},
          {102,"Zhang ping",'M',62.5},
          {103,"He fang",'F',92.5},
          {104,"Cheng ling",'F',87},
          {105,"Wang ming",'M',58},
          };                     /* 初始化学生基本信息 */

void main()
{
   int i,c=0;
   float ave,s=0;
   /* 计算总成绩和不及格人数 */
   for(i=0;i<5;i++)
   {
      s+=stu[i].score;           /* 计算总成绩 */
      if(stu[i].score<60)
      c+=1;                      /* 不及格人数 */
   }
   printf("s=%f\n",s);
   ave=s/5;
   printf("average=%f\ncount=%d\n",ave,c);
}
```

二、向函数传递结构变量应用

（1）计算30名学生每个人的平均成绩。要求学生的各项信息由键盘输入，计算出平均成绩后输出。

分析：程序中实参stu.score是结构变量的一个成员，是一维数组类型的，与形参数组s的类型是一致的。函数average()的返回值是数组元素的平均值，赋值给结构变量的成员ave。

```
#define N 3
#include <stdio.h>
/* 学生基本信息类型 */
struct student
{
   int number;            /* 学号 */
   char name[8];          /* 姓名 */
   struct
   {
      int year;
      int month;
      int day;
   }birthday;             /* 生日 */
   int score[3];          /* 成绩 */
   float ave;             /* 平均成绩 */
};
/* 求平均成绩 */
float average(int s[],int n)
{
   int k;
   float sum=0;
   for(k=0;k<n;k++)
      sum+=s[k];          /* 成绩求和 */
   return(sum/n);
}
void main()
{
   struct student stu[N],*p;
   int j,k;
   printf("\n");
   /* 录入学生信息 */
   for(j=0;j<N;j++)
   {
      printf("he %d student",j);
      printf("number:");
      scanf("%d",&stu[j].number);
      printf("name:");
      scanf("%s",stu[j].name);
      printf("birthday(year,month,day)");
      scanf("%d,%d,%d",&stu[j].birthday.year,&stu[j].birthday.month,&stu[j].birthday.day);
      printf("score(3):");
      for(k=0;k<3;k++)
         scanf("%d",&stu[j].score[k]);
      stu[j].ave=average(stu[j].score,3);
   }
```

```
    printf("\n");
    /*输出学生信息*/
    for(p=stu;p<stu+N;p++)
    {
      printf("\n%6d",p->number);
      printf("%s",p->name);
      printf("%d,%d,%d",p->birthday.year,p->birthday.month,
      p->birthday.day);
      for(k=0;k<3;k++)
         printf("%6d",p->score[k]);
      printf("   ave:%.2f",p->ave);
   }
}
```

（2）若有一名职工的信息包含职工号、姓名、年龄和工资，写一程序将这名职工的工资增加100元。要求在input()函数中输入职工的各项信息，在process()函数中修改职工的工资，在output()函数中输出职工的信息，在main()函数中调用以上3个函数。

分析：本程序中，作为实参的是结构变量的地址，发生函数调用时，将结构变量的地址赋值给形参指针，这样形参指针就指向了结构变量w，因此，各被调用函数中的各项操作的效果在主调函数中都能得到。

```
#include <stdio.h>
/*定义员工信息类型*/
struct person
{
   int number;                 /*工号*/
   char name[8];               /*姓名*/
   int age;                    /*年龄*/
   int wage;                   /*工资*/
};
/*输入员工基本信息*/
void input(struct person *p)
{
   printf("\nnumber:");
   scanf("%d",&p->number);
   printf("\nname:");
   scanf("%s",p->name);
   printf("\nage:");
   scanf("%d",&p->age);
   printf("\nwage:");
   scanf("%d",&p->wage);
   return;
}
/*工资增涨100*/
void process(struct person *p)
{
   p->wage=p->wage+100;
   return;
}
/*输出员工信息*/
```

```
void output(struct person *p)
{
    printf("\n%6d,%10s,%3d,%6d",p->number,p->name,p->age,p->wage);
    return;
}
void main()
{
    struct person w;
    printf("\nplesae input the data:");
    input(&w);
    process(&w);
    printf("\nthe data is");
    output(&w);
}
```

任务实施

一、任务流程分解

流程描述：程序开始执行后，会要求录入每一票上候选人的名字，通过比较录入的候选人名字和初始化的候选人信息，确定该选票投给哪位候选人，并记录每位候选人得票情况，计票结束后，比较各个候选人的得票情况，确定哪位候选人最终胜出。

（1）程序初始化分析：定义候选人结构类型、定义并初始化候选人信息、投票人数，并定义投票人数和候选人数的循环控制变量。

视 频

选举班长

（2）数据录入分析：录入每张选票上候选人的名字。

（3）数据处理分析：选票上候选人的名字与实际候选人的名字进行比较确定得票情况，并比较哪位候选人得票数最多。

（4）输出结果分析：显示每位候选人的得票数，并根据得票数最多的候选人确定投票结果。

二、代码实现

```
#include <stdio.h>
#include <string.h>
#define MAXNUMBER 30
/* 定义候选人结构类型 */
struct candidate
{
    char name[20];                          /* 候选人姓名 */
    int count;                              /* 候选人得票数 */
};
/* 选举班长 */
void main()
{
     /* 初始化所有候选人 */
    struct candidate cand[3]={{" 小红 ",0},{" 小明 ",0},{" 小花 ",0}};
    int number,n;
    int temp=0,num=0;
```

```
    char candname[20];
    /* 选举计票 */
    for(number=0;number<MAXNUMBER;number++)
    {
        printf("请输入您要投票的候选人名字(小红,小明,小花):");
        gets(candname);
        for(n=0;n<3;n++)
        {
            if(strcmp(cand[n].name,candname)==0)
                cand[n].count++;
        }
    }
    printf("班长选举，计票结果如下: \n");
    /* 候选人得票比较 */
    for(n=0;n<3;n++)
    {
        printf("%s 得票 :%d\n",cand[n].name,cand[n].count);
        if(cand[n].count>temp)
        {
            temp=cand[n].count;
            num=n;
        }
    }
    printf("恭喜 %s 当选班长！ ",cand[num].name);
}
```

三、结果演示

本任务的结果演示如图9-2所示。

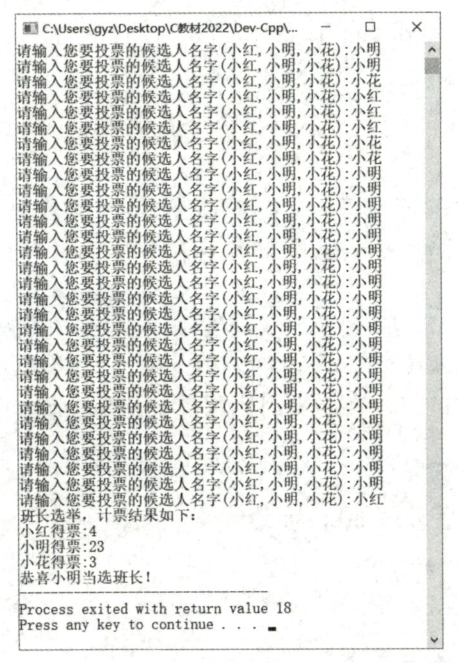

图 9-2　结果演示

任务 27　三色小球问题

任务描述

本任务设计完成一个软件。实现如下功能：口袋中有红、黄、蓝、白、黑5种颜色的球若干个。每次从口袋中先后取出3个球，问得到3种不同色的球的可能取法，打印出每种排列的情况。

知识准备

一、枚举类型的定义

在实际问题中，有些变量的取值被限定在一个有限的范围内。例如，一个星期内只有7天，一年只有12个月，一个班每周有6门课程等。如果把这些量说明为整型、字符型或其他类型显然是不妥当的。为此，C语言提供了一种称为“枚举”的类型。在“枚举”类型的定义中列举出所有可能的取值，被说明为该“枚举”类型的变量取值不能超过定义的范围。应该说明的是，枚举类型是一种基本数据类型，而不是一种构造类型，因为它不能再分解为任何基本类型。

1. 枚举类型定义的一般形式

```
enum 枚举类型名 { 枚举常量 1, 枚举常量 2,…, 枚举常量 n};
```

在枚举值表中应罗列出所有可用值。这些值又称枚举元素。

举例：定义表示月份、星期的类型。

enum months{ jan, feb, mar, apr, may, jun, jul,aug, sep, oct, nov, dec };

enum week{ sun, mon, tue, wed, thu, fri,sat };

2. 枚举类型定义的注意事项

（1）enum是定义枚举类型的关键字，枚举类型名是用户定义的类型名，应符合标识符的命名规则。

（2）枚举常量是用户定义的标识符，它们是有值的，C语言编译按定义时的顺序使它们的值为0，1，2，…如声明一枚举类型weekday，可采用下述方式：

```
enum weekday{ sun,mon,tue,wed,thu,fri,sat };
```

其中，sun的值为0，mon的值为1，…，sat的值为6。

（3）也可以改变枚举常量的值，在定义时由程序员指定，例如：

```
enum weekday{ sun=7,mon=1,tue,wed,thu,fri,sat };
```

定义sun为7，mon=1，以后顺序加1，sat为6。

二、枚举类型变量的定义和使用

1. 枚举类型变量的定义方式

（1）用已定义的枚举类型定义变量。

（2）在定义枚举类型的同时定义变量。

（3）对于方式2也可省略枚举类型名。

枚举类型变量的引用方式和普通变量一样，但枚举类型变量的取值范围只能是其枚举类型所枚举的各个常量，一般给枚举类型变量赋值为枚举常量。

举例：用3种方法定义枚举变量w1,w2[3]。

方法一：enum week w1,w2[3];

方法二：enum week{sun,mon,tue,wed,thu,fri,sat}w1,w2[3];

方法三：enum{sun,mon,tue,wed,thu,fri,sat}w1,w2[3];

2. 枚举类型的定义和使用注意事项

（1）编译系统将枚举类型处理为整型，但整型和枚举类型之间不能相互赋值，若要赋值，需进行强制类型转换。例如：

w1=mon;

we[0]=(enum week)1;

都是合法的赋值方式。而

w[2]=3;

则不是合法的赋值方式。

（2）用以比较枚举类型变量的大小，枚举变量的比较相当于比较它们所隐含的整数值。例如：

if(workday==mon) …

if(workday>sun) …

例如，we[0]=mon;we[1]=sat;，则we[0]<we[1]成立。

枚举类型变量的值是在该枚举类型中枚举的常量所代表的整数值范围内的，因此枚举变量可作为循环变量控制循环。

知识应用

枚举类型应用

枚举输出 12 个月份的英文单词

```
#include<stdio.h>
enum months{jan=1,feb,mar,apr,may,jun,jul,aug,sep,oct,nov,dec};
void main()
{
   enum months m;
   char *name[]={"January","February","March","April","May","June","July",
      "August","September","October","November","December"};
   for(m=jan;m<=dec;m++)
   {
      printf("\n%2d:%s",m,name[m-1]);
   }
}
```

任务实施

一、任务流程分解

流程描述：程序开始执行后，给自定义的小球颜色进行比较，输出所有可能出现的不同3种颜色小球搭配的可能结果。

（1）程序初始化分析：程序开始执行后，定义颜色枚举类型和枚举类型变量。

（2）数据录入分析：无。

（3）数据处理分析：设取出的球为i、j、k。根据题意，i、j、k分别是5种色球之一，并要求i≠j≠k。可以用穷举法，看哪一组符合条件。

视 频

三色小球问题

用n累计得到3种不同色球的次数。外循环使第一个球i从red变到black。中循环使第二个球j也从red变到black。如果i和j同色则不可取，只有i、j不同色（i≠j）时才需要继续找第3个球，此时第3个球k也有5种可能（red到black），但要求第三个球不能与第一个球或第二个球同色，即k≠i，k≠j。满足此条件就得到3种不同色的球。

（4）输出结果分析：输出这种3色的组合方案，最后输出总数n。

二、代码实现

```
#include <stdio.h>
void main()
{
    enum  color {red,yellow,blue,white,black};
    enum  color  i,j,k,pri;
    int  n=0,loop;
    for(i=red;i<=black;i++)
        for(j=red;j<=black;j++)
            if(i!=j)
            {
                for(k=red;k<=black;k++)
                    if((k!=i)&&(k!=j))
                    {
                        n=n+1;
                        printf("%-4d",n);
                        for(loop=1;loop<=3;loop++)
                        {
                            switch(loop)
                            {
                                case 1:  pri=i; break;
                                case 2:  pri=j; break;
                                case 3:  pri=k; break;
                                default: break;
                            }
                            switch(pri)
                            {
                                case red: printf("%-10s","red"); break;
                                case yellow: printf("%-10s", "yellow");
                                    break;
                                case blue: printf("%-10s","blue"); break;
```

```
                    case white: printf("%-10s","white"); break;
                    case black: printf("%-10s","black"); break;
                    default: break;
                }
            }
            printf("\n");
        }
    }
    printf("\nTotal: %5d\n",n);
}
```

三、结果演示

本任务的结果演示如图9-3所示。

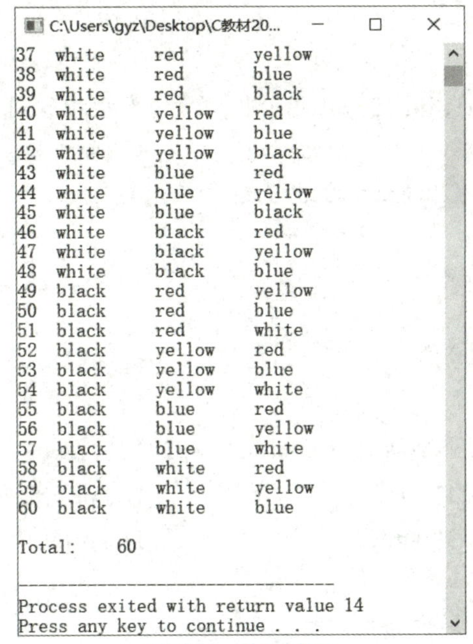

图 9-3　结果演示

小　　结

本章重点介绍了C语言中的两种构造数据类型，即结构和联合。它们均由若干成员构成，其成员可以具有不同的数据类型。

定义为结构的结构，不分配存储空间；而结构变量定义要分配内存空间，其空间的大小由成员共同决定。指向结构数组的指针加1、减1运算，使指针移动一个结构所具有的总字节数，即指向下一个或上一个结构数组的元素。

联合可以看作一种特殊形式的结构类型，其变量所占用内存空间的大小取决于其成员中占用内存空间最大的那个成员；在任何时候只能有一个联合成员占据联合变量空间，也就是说，在给联合变量的成员赋值时，某一时间内只能给一个成员赋值。

枚举类型是C语言提供的一种数据类型，其类型说明和变量定义类似于结构。其差别是枚举变量间用逗号分隔，枚举常量的值一般依说明的顺序从0开始递增，除非某个枚举常量有初始化赋值，其后的值依次递增。

要求读者掌握结构和联合的定义方式，以及结构和联合变量的引用和初始化方法，同时要了解结构变量和联合变量的内存存储空间大小的差别，并注意结构与联合概念上的差别。

练　习　题

一、选择题

1. 在定义struct str {int a1; int a2; int a3;}中，结构类型标识符为（　　）。

   A. int　　B. struct　　C. str　　D. struct str

2. 根据下面的定义，能输出Mary的语句是（　　）。

```
struct person
{
   char name[9];
   int age;
};
struct person class[5]={"John",17,"Paul",19,"Mary",18,"Adam",16};
```

   A. printf("%s\n",class[1].name);　　B. printf("%s\n",class[2].name);

   C. printf("%s\n",class[3].name);　　D. printf("%s\n",class[0].name);

3. 设有以下声明语句

```
struct ex{ int x; float y; char z;};
```

   A. struct是结构类型的关键字　　B. ex是结构类型名

   C. x,y,z都是结构成员名　　D. struct ex是结构类型名

4. 当定义一个结构变量时，系统为它分配的内存空间是（　　）。

   A. 结构中一个成员所需的内存容量

   B. 结构中第一个成员所需的内存容量

   C. 结构中占内存容量最大者所需的容量

   D. 结构中各成员所需内存容量之和

5. 错误的枚举类型定义语句是（　　）。

   A. enum car {A, B, C};　　B. enum car {1, 2, 3 };

   C. enum car {X=0, Y=5, Z=9};　　D. enum car {D=3, E, F};

6. 若有定义：

```
enum num{a1,a2=3,a3,a4=10};
```

则枚举常量a2、a3的值分别为（　　）。

A. 1 2　　B. 2 3　　C. 3 3　　D. 3 4

7. 若有定义：

```
enum day{sun,mon, tue, wed, thu, fri, sat} ;
```

则枚举常量sun、mon的值分别为（　　）。

A. 0 1　　B. 7 1　　C. 1 2　　D. 7 0

8. 若有以下声明和定义语句，则变量w在内存中所占的字节数是（　　）。

```
union aa { float x,y;char c[6]; };
struct st { union aa v; float b[5];double ave;} w;
```

A. 40　　B. 38　　C. 42　　D. 36

9. 以下各选项用于给某种类型取别名，其中正确的是（　　）。

A. typedef v1 int;　　B. typedef v2=int;　　C. typedef int v3:　　D. typedef v4: int

10. 设有如下定义：

```
struct sk
{
    int a; float b;
}data,*p;
```

若有p=&data;则对data中的a成员的正确引用是（　　）。

A. (*p).data.a　　B. (*p).a　　C. p->data.a　　D. p.data.a

二、程序题

编写print()函数，打印一个学生的成绩数组，该数组中有5个学生的数据记录，每个记录包括num、name、score[3]，用主函数输入这些记录，用print()函数输出这些记录。

中级题

一、选择题

1. 假设int型占2字节，有结构定义如下：

```
struct student
{
    int num;
    char name[20];
    float score;
 }
```

使用所定义的struct student 定义结构变量stud1，并为其赋值的正确语句是（　　）。

A. struct student stud1={101, LiSi, 78.8};

B. struct student stud1=101, LiSi, 78.8;

C. struct student stud1={101, "LiSi", 78.8};

D. struct student stud1=101, "LiSi", 78.8;

2. 程序中有下面的声明和定义，则会发生的情况是（　　）。

```
struct abc
{
   int x;
   char y;
} struct abc s1,s2;
```

A. 编译出错

B. 程序将顺利编译、连接、执行

C. 能顺利通过编译、连接，但不能执行

D. 能顺利通过编译，但连接出错

3. 设有如下说明

```
typedef struct
{
   int n;
   char c;
   double x;
}STD;
```

则以下选项中，能正确定义结构数组并赋初值的语句是（　　）。

A. STD tt[2]={{1,'A',6.2},{ 2 ,'B',7.5}};

B. STD tt[2]={{1, "A",6.2},{2,"B",7.5}};

C. struct tt[2]={{1,'A'},{2,'B'}};

D. struct tt[2]={{1, "A",62.5},{2, "B",75.0}};

4. 设有如下说明

```
typedef struct
{
   int n;
   char c;
   double x;
}STD;
```

则以下选项中，能正确定义结构数组并赋初值的语句是（　　）。

A. STD tt[2]={{1,'A',6.2},{ 2 ,'B',7.5}};

B. STD tt[2]={{1, "A",6.2},{2,"B",7.5}};

C. struct tt[2]={{1,'A'},{2,'B'}};

D. struct tt[2]={{1, "A",62.5},{2, "B",75.0}};

5. 假设int型占2字节，有结构定义如下：

```
struct student
{
```

```
    int num;
    char name[20];
    float score;
}
```

如果有定义struct student stud1; 则stud1在机器中占据的内存单元长度为（　　）字节。

A. 9　　B. 16　　C. 20　　D. 26

6. 下列程序的输出结果是：

```
struct abc
{
    int a,b,c;
};
main()
{
    struct abc s[2]={{1,2,3},{4,5,6}};
    int t;
    t=s[0].a+s[1].b;
    printf("t=%d",t);
}
```

A. 5　　B. 6　　C. 7　　D. 8

7. 设有如下定义：

```
struct sk
{
    int a ;
    float b ;
}data,*p;
```

若有p=&data;，则对data中的a域的正确引用是（　　）

A. (*p).data.a　　B. (*p).a　　C. p->data.a　　D. p.data.a

8. C语言中结构类型变量在程序执行期间（　　）。

A. 所有成员一直驻留在内存中　　B. 只有一个成员驻留在内存中

C. 只有一个成员驻留在内存中　　D. 没有成员驻留在内存中

9. 设有如下定义：

```
typedef int *INTEGER;
INTEGER p,*q;
```

下列叙述正确的是（　　）。

A. 程序中可用INTEGER代替int类型名

B. 不能用INTEGER定义变量

C. p是int型变量，q是基类型为int的指针变量

D. p是基类型为int的指针变量

10. 在说明一个联合变量时，系统分配给其存储空间是（　　）。

A. 该联合中第一个成员所需存储空间

B. 该联合中最后一个成员所需存储空间

C. 该联合中占用最大存储空间的成员所需存储空间

D. 该联合中所有成员所需存储空间的总和

二、程序题

某单位对职工进行专业考核，成绩以百分制记录，60分以下为不及格，编写程序，输出所有及格职工的考号、姓名、成绩。

高级题

一、选择题

1. 已知：

```
struct st{
    int n;
    struct st *next;
};
static struct st a[3]={1,&a[1],3,&a[2],5,&a[0]},*p;
```

用（　　）对p进行赋值，能使语句printf("%d",++(p->next->n));的输出结果是2。

A. P=&a[0];　　B. p=&a[1];　　C. p=&a[2];　　D. p=&a[3];

2. 定义以下结构数组

```
struct date
{
    int year;
    int month;
};
struct s
{
    struct date birth;
    char  name[20];
}x[4]={{2008,8,"hangzhou"},{2009,3,"Tianjin"}};
```

语句printf("%c,%d",x[1].name[1],x[1].birth.year);的输出结果为（　　）。

A. a,2008　　B. hangzhou,2008

C. i,2009　　D. Tianjin,2009

3. 已知：

```
struct st
{
```

```
    int n;
    struct st *next;
};
static struct st a[3]={1,&a[1],3,&a[2],5,&a[0]},*p;
```

用（　　）对p进行赋值，能使语句printf("%d",++(p->next->n));的输出结果是2。

A. P=&a[0];　　B. p=&a[1];　　C. p=&a[2];　　D. p=&a[2];

4. 运行下列程序段，输出结果是（　　）。

```
struct country
{
    int num;
    char name[20];
}x[5]={1, "China", 2, "USA", 3, "France", 4, "England", 5, "Spanish"};
struct country *p;
p=x+2;
printf("%d,%s",p->num,x[0].name);
```

A. 2,France　　B. 3,France　　C. 4,England　　D. 3, China

5. 有以下程序

```
#include <malloc.h>
struct NODE
{
    int num;
    struct NODE *next;
};
void main()
{
    struct NODE *p,*q,*r;
    p=(struct NODE*)malloc(sizeof(struct NODE));
    q=(struct NODE*)malloc(sizeof(struct NODE));
    r=(struct NODE*)malloc(sizeof(struct NODE));
    p->num=10;
    q->num=20;
    r->num=30;
    p->next=q;
    q->next=r;
    printf("%d",p->num+q->next->num);
}
```

程序运行后的输出结果是（　　）。

A. 40　　B. 50　　C. 30　　D. 20

6. 若有以下程序段，则值为2的表达式是（　　）。

```
struct note
{
    int n;
    int *pn;
};
int a=1,b=2,c=3;
struct note s[3]={{1001,&a},{1002,&b},{1003,&c}};
struct note *p=s;
```

A. (p++)->pn　　B. *(p++)->pn　　C. (*p).pn　　D. *(++p)->pn

7. 设有如下定义：

```
struct sk
{
    int a;
    float b;
}data;
int *p;
```

若要使P指向data中的a域，正确的赋值语句是（　　）。

A. p=&a;　　B. p=data.a;　　C. p=&data.a;　　D. *p=data.a;

8. 对于以下结构定义：

```
struct
{
    int len;
    char *str
}*p;
```

(*p).str++ 中的++加在（　　）。

A. 指针str上　　B. 指针p上

C. str所指的内容上　　D. 表达式语法有错

9. 已知有如下定义，值不是72的表达式为（　　）。

```
struct person
{
    char name[10];
    int age;
}Class[10]={ "LiMing ",29, "ZhangHong ",21, "WangFang ",22};
```

A. Class[0].age+class[1].age+class[2].age　　B. Class[0].name[5]-31

C. Class[1].name[5]　　D. Class[2].name[5]

10. 若有以下程序段，则值为2的表达式是（　　）。

```
struct note
{
    int n;
    int *pn;
};
int a=1,b=2,c=3;
struct note s[3]={{1001,&a},{1002,&b},{1003,&c}};
struct note *p=s;
```

A. (p++)->pn　　B. *(p++)->pn　　C. (*p).pn　　D. *(++p)->pn

二、程序题

获取当前年月日及时间，并做一个每秒刷新时间的功能。

第10章 文 件

前面各章分别介绍了C语言的基本组成部分，这些基本成分都是为数据处理服务的，而数据的输出和输入都是以终端为对象的，即从键盘输入数据，运行结果输出到终端显示器上。实际应用中，常常需要将一些数据（运行的最终结果或中间数据）输出到磁盘上存放起来，以后需要时再从磁盘中输入到计算机内存中，这就要用到磁盘文件。

文件是程序设计中一个重要的概念，所谓文件，一般是指存储在计算机外部介质上的一组相关数据的集合。一般可分为程序文件和数据文件。程序文件由若干个指令语句信息组成，数据文件则是程序操作的一些数值和文字。

任务28 文件信息统计

任务描述

某文件内有单词若干个，要求制作一个软件，能读取文件内容信息，并统计出该文件中包含多少个单词。

知识准备

一、C文件概述

1. 数据文件存储形式

数据文件在磁盘上有两种存储方式：一种是按ASCII码存储，称为ASCII码文件；一种是按二进制码存储，称为二进制文件。

1）ASCII码文件

ASCII码文件又称文本文件，它的每一个字节存放一个ASCII代码，代表一个字符，便于字符的输入和输出处理，但占用存储空间较大。如果有一个整数10000，在内存中占2字节，按ASCII码形式输出，则占5字节。

2）二进制文件

二进制文件是把内存中的数据按其在内存中的存储形式原样输出到磁盘上存放，一个字节并不对应一个字符，但占用存储空间较小。将在内存中占2字节的一个整数10000按二进制输出，在磁盘上只占2字节，如图10-1所示。

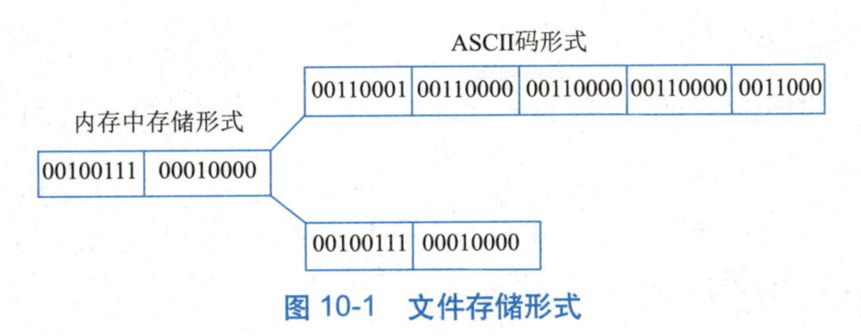

图 10-1　文件存储形式

2. 流式文件

一个C文件是一个字节流或二进制流，它把数据看作一连串字符（字节），而不考虑记录的界限。在C语言中，对文件的存取是以字符（字节）为单位的。输入/输出的数据流的开始和结束仅受程序控制而不受物理符号（如回车换行符）控制。把这种文件称为流式文件。

3. 文件的处理方法

不同的C语言版本对文件的处理一般有两种方法：缓冲文件系统和非缓冲文件系统。

1）缓冲文件

缓冲文件系统是指系统自动在内存区为每个正在使用的文件开辟一个缓冲区。从内存向磁盘写文件时必须先写入缓冲区，装满缓冲区后才一起写到磁盘上去；从磁盘读文件时必须先将一批数据读到缓冲区（充满缓冲区），然后再从缓冲区将数据逐个送到程序数据区，把用缓冲文件系统进行的输入/输出称为高级磁盘输入/输出。缓冲区的大小由各个具体的C版本确定，一般为512 B。

2）非缓冲文件

非缓冲文件是指系统不能自动开辟确定大小的缓冲区，则由程序本身根据需要设定。用非缓冲文件系统进行的输入/输出称为低级（低层）的输入/输出。

4. 文件形式

C语言是通过名为FILE的结构型指针管理文件读写（即存取）的。该结构型的定义在<stdio.h>头文件中，形式如下：

```
typedef struct
{
  int   _fd;             /* 文件代号 */
  int   _cleft;          /* 文件缓冲区所剩字节数 */
  int   _mode;           /* 文件使用模式 */
  char  *nextc;          /* 下一个等待处理的字节地址，即该文件内部指针 */
  char  *buff;           /* 文件缓冲区首地址 */
}FILE;
```

其中大写的FILE是用typedef自定义的结构类型名。用FILE说明的指针变量定义如下：

```
FILE  *<变量名>;
```

例如：

```
FILE  *fp;
```

fp为一个指向FILE类型结构的指针变量。通过该变量中的文件信息访问该文件。

二、文件的打开

1. 文件打开的一般形式

文件的打开函数fopen()的一般调用形式如下：

```
FILE *fp;
fp=fopen(文件名,使用文件方式)
```

例如：

```
FILE *fp; fp=fopen(name,"wb+");
```

函数功能：返回一个指向FILE类型的指针。

2. 常用的文件使用方式

常用的文件使用方式及其含义见表10-1。

表 10-1　文件使用方式说明

标识符	含　义	标识符	含　义
r	打开一个 ASCII 码文件只读	r+	打开一个 ASCII 码文件读 / 写
w	创建一个 ASCII 码文件只写	w+	创建一个 ASCII 码文件读 / 写
a	打开一个 ASCII 码文件追加	a+	打开一个 ASCII 码文件读 / 写
rb	打开一个二进制文件只读	rb+	打开一个二进制文件读 / 写
wb	创建一个二进制文件只写	wb+	创建一个二进制文件读 / 写
ab	打开一个二进制文件追加	ab+	打开一个二进制文件读 / 写

3. 文件打开流程

（1）定义文件指针变量。

（2）定义存放文件名的字符型数组或指针变量。

（3）输入文件名。

（4）使文件指针变量指向该文件，也就是打开文件。只有成功打开了某一文件，才能对其操作。

4. 文件打开注意事项

（1）文件名用来指定所要打开（或新建）的文件。给文件名变量赋值或书写文件名字符串时，应注意文件包括盘符和路径。路径的分隔符要加上转义字符"\"，例如，"c:\\data\\…"是正确的。如果被打开的文件在当前盘当前目录下，则盘符和路径可以省略。若是由键盘输入文件名，文件名的输入方式与DOS中的路径名相同，只用一个\即可，不用两个"\\"指出，且只能在已有文件夹下建立该文件，不能创建文件夹。而在fopen()函数中，给出已有文件名时应该在路径的分隔符中加上转义字符。

(2) 使用文件方式指定文件的使用意图，即读或写等方式。

(3) 若函数调用成功，函数返回一个FILE类型的指针，赋给文件指针变量，从而把指针与文件联系在一起，也就是说，如果调用成功，指针就指向了文件。如果打开文件时出现错误，fopen()函数将返回一个NULL值。

(4) 常用下面的方法打开一个文件：

```
if((fp=fopen("file","r"))==NULL)
{
    printf("can not open this file\n" );
    exit(0);
}
```

即先检查打开是否出错，如果有错就输出“can not open this file”。

(5) 对文件使用方式的理解。

在打开方式r、w、a后加一个b表示可对二进制文件进行读写操作。

在打开方式r、w、a后加一个+表示可对文本文件和二进制文件进行读写操作。

当用"w"方式打开一个文件时，若已存在与该文件名相同的文件，则它会被覆盖，重建一个新文件；若不存在该文件，则新建一个用该文件名命名的文件。

当用"r"方式或"a"方式打开一个文件时，该文件必须存在，否则会返回一个出错信息。

三、文件关闭

1. 文件打开的一般形式

```
fclose(<文件指针变量>)
```

例如：

```
fclose(fp1);
```

功能：使文件指针变量不再指向该文件，也就是文件指针变量与文件“脱离关系”，此后不能再通过该指针对其相连的文件进行读写操作，除非再次打开，使该指针变量重新指向该文件。当成功地执行了关闭操作时，函数返回0，否则返回非0。

2. 文件关闭的注意事项

(1) 关闭文件的原因：在向文件写数据时，是先将数据送到缓冲区，待缓冲区充满后才正式输出给文件。如果当数据未充满缓冲区而程序结束运行，就会将缓冲区中的数据丢失。为了避免这个问题，当文件使用完毕，就要及时用close()函数关闭文件，这样缓冲区中的数据就输出到磁盘文件，然后才释放文件指针变量，使文件指针和文件分离，同时防止误用该指针对原来与之相连的文件进行操作。

(2) 文件操作的步骤。

① 定义文件指针变量。

② 定义存放文件名的字符型数组或指针变量。

③ 输入文件名。

④ 使文件指针变量指向该文件，也就是打开（创建）文件，只有成功的打开（创建）了某一文件，才能对其操作。

⑤ 及时关闭文件，使文件指针变量与文件脱离，并保存对文件的操作。

四、文件字符读取

1. 读文件字符函数 fgetc()

读文件字符函数fgetc()的调用形式如下：

```
ch=fgetc(fp);
```

fgetc()函数的作用是从指定文件读入一个字符，该文件必须是以读或读写方式打开的。其中fp为文件型指针变量，ch为字符变量。

2. 写文件字符函数 fputc()

写文件字符函数fputc()的调用形式如下：

```
fputc(ch,fp);
```

fputc(ch,fp)函数的作用是将字符（ch的值）输出到fp所指向的文件中去。其中ch是要输出的字符，它可以是一个字符常量，也可以是一个字符变量。fp是文件指针变量，fp指向的文件已经以写或读写方式打开。

3. 文件字符读取注意事项

（1）在向文件写入或读出字符时，首先要判断文件是否正确打开，然后应用fgetc()、fputc()函数对文件进行读和写操作，并将相应字符输出到显示器，以判断对错。

（2）如果在执行fgetc()和fputc()函数读和写字符时遇到文件结束符，函数返回一个文件结束标志EOF，EOF在stdio.h中定义为-1。如果把一个指定的磁盘文件从头到尾按顺序读入并在屏幕上显示出来，可以用如下程序段实现：

```
while((ch=fgetc(fp))!=EOF)
putchar(ch);
```

（3）ANSI C提供一个feof()函数判断文件是否真的结束。feof(fp)用来测试fp所指向的文件当前状态是否“文件结束”。如果是文件结束，函数feof(fp)的值为1（真），否则为0（假）。如果把一个指定的二进制文件从头到尾按顺序读入并在屏幕上显示出来，可以用如下程序段实现：

```
while(!feof(fp))
putchar(fgetc(fp));
```

知识应用

一、文件打开和关闭

（1）以只读方式打开一个指定名为AAA.TXT的ASCII码文件，若该文件不存在，输出“can not open this file”，若打开成功，输出“success”。

分析：

① 定义文件指针变量fp，通过fp打开文件。

② 通过判断条件（打开该文件是否成功）决定输出“can not open this file”或者是“success”。

③ 使用exit()函数关闭所有文件，终止正调用的过程，待程序员检查出错误，修改后再运行。使用exit()时，应在程序中加入头文件“process.h”。

```
#include <stdio.h>
#include <process.h>
void main()
{
    FILE *fp;
    * 文件只读形式打开 */
    if((fp=fopen("AAA.TXT","r"))==NULL)
        printf("can not open this file\n");
    else
        printf("success");
    exit(1);
}
```

(2) 以只读方式打开一个指定名为AAA.TXT的ASCII码文件，若该文件不存在，返回“不能打开文件”提示；否则，返回“可以打开文件”提示，然后关闭。

分析：

① 定义文件指针变量fp。

② 通过判断，确定打开该文件是否成功。

③ 完成后关闭文件。

```
#include <stdio.h>
void main()
{
    FILE *fp;
    /* 只读打开文件 */
    if((fp=fopen("AAA.TXT","r"))==NULL)
        printf("不能打开文件\n");
    else
        printf("可以打开文件\n");
    /* 关闭文件 */
    fclose(fp);
}
```

二、文件字符读取应用

(1) 从键盘输入一些字符，逐个存储到文件中，直到输入“#”为止。

分析：

① 文件名由键盘输入，赋给字符数组filename。

② 输入要写入该磁盘文件的字符“computer”，“#”表示输入结束。

③ 将输入的字符写到文件中，并在屏幕上显示这些字符。

```
#include <stdio.h>
void main()
{
   FILE *fp;
   char ch,filename[10];
   scanf("%s",filename);                          /* 输入文件名 */
   if((fp=fopen(filename,"w"))==NULL)             /* 写方式打开文件 */
   {
      printf("cannot open this file\n");
   }
   ch=getchar();                 /* 用来接收在执行 scanf 语句时最后输入的回车符 */
   ch=getchar();                 /* 接收输入的第一个字符 */
   while(ch!='#')
   {
      fputc(ch,fp);              /* 将字符写入到文件 */
      putchar(ch);
      ch=getchar();              /* 输入一个字符 */
   }
   fclose(fp);                   /* 关闭文件 */
}
```

任务实施

一、任务流程分解

流程描述：在命令行环境下输入程序文件名，程序开始执行后，会自动读取文件名对应的文件信息，并计数所有单词数；当文件读取结束时，给用户统计所读取文件中单词数为多少。

视 频

文件信息统计

（1）程序初始化分析：定义文件指针，字符存储变量，特殊符号计数，单词计数。

（2）数据录入分析：用户录入要统计单词数的文件。

（3）数据处理分析：使用fgetc(fp)函数每次从文件中读出一个字符并判断，直到文件末尾为止。通过判断当前字母是否是空格、换行、跳格符，若是则单词的个数增加1。

（4）输出结果分析：显示单词的统计结果。

二、代码实现

```
#include <stdio.h>
void main()
{
   FILE *fp;
   char ch;
   int white=1;          /*white 用于空格、换行、回车符 */
   int count=0;          /*count 单词个数变量 */
   /* 打开文件 */
   if((fp=fopen("e:\\test.txt","r"))==NULL)
      printf(" 不能打开文件:  %s.","e:\\test.txt");
   /* 按字符读取文件：逐次判断文件中包含的代表间隔的特殊符号 */
   while((ch=fgetc(fp))!=EOF)
   {
      switch(ch)
```

```
        {
        case ' ':          /* 空格 */
        case '\t':         /* 换行 */
        case '\n':         /* 回车 */
            white++;
            break;
        default:
            if(white)
            {
                white=0;
                count++;
            }
        }
    }
    /* 关闭文件 */
    fclose(fp);
    printf("文件%s  中包含 %d 个单词 .","e:\\test.txt",count);
}
```

三、结果演示

本任务结果演示如图10-2所示。

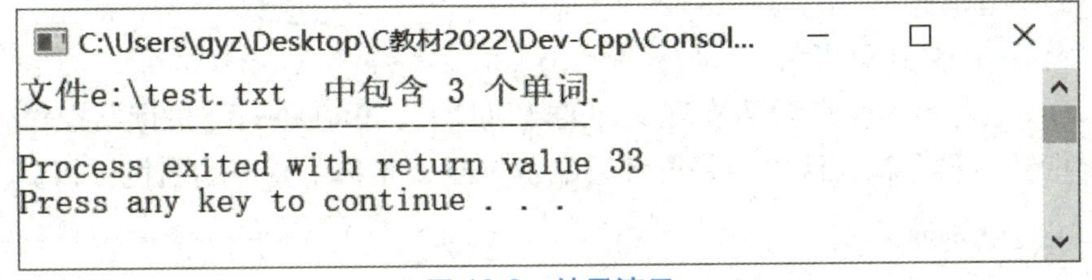

图10-2　结果演示

任务29　系统日志

任务描述

模拟设计大数据行程码后台系统的系统日志模块，用户登录系统时自动记录该用户的登录时间，当管理员登录时，要求管理员输入自己的登录密码，验证通过后，可以查看到这一时刻系统的所有用户登录信息。

知识准备

一、数据块读写函数

1. 数据块写函数 fwrite()

fwrite()函数一般形式如下：

```
fwrite(buffer,size,count,fp);
```

功能：将buffer指向的内存中的count × size字节内容写入到fp指定的文件中。函数返回值为count的值，即写入到文件的数据项个数。

2. 数据块读函数 fread()

fread()函数的一般形式如下：

```
fread(buffer,size,count,fp);
```

功能：从fp指向的文件中读取count个size字节大小的数据块，存放到buffer指定的内存中。如果fread()函数调用成功，则函数返回值为count的值，即读入数据项的完整个数，如果遇到文件结束或出错则返回0。

3. 数据块读写函数中各项参数说明

（1）buffer：是一个指针。对fread()函数来说，它是读入数据的存放地址。对fwrite()函数来说，是要输出数据的地址。

（2）size：要读写的字节数。

（3）count：要进行读写多少个size字节的数据项。

（4）fp：文件型指针。

4. 数据块读写函数注意事项

利用fread()函数和fwrite()函数可实现文件的随机读写，但在进行随机读写操作时，一定要注意文件的位置指针。只有将其调整到将要读写的位置时，才称为真正的随机读写。

二、格式化读写函数

1. 格式输出函数 fprintf()

格式输出函数fprintf()的一般格式如下：

```
fprintf(文件指针,格式字符串,输出表列)
```

例如：

```
fprintf(fp,"%d,%6.2f",i,f);
```

即将整型变量i和实型变量f的值按%d和%6.2f的格式输出到fp指向的文件中。如果已知i的值为3，f的值为4.5，则输出到磁盘文件上的是以下字符串：

```
3,4.50（注意普通字符也会原样输出到文件中）
```

功能：按格式对文件进行写入操作。fprintf()函数与printf()函数的作用相似，都是格式化写函数。只有一点不同：fprintf()函数所写对象不是终端而是磁盘文件。

2. 格式输入函数 fscanf()

fscanf()函数的一般形式如下：

```
fscanf(<文件指针变量>,<格式控制串>,<参数表列>)
```

功能：按格式对文件进行读操作。

使用fscanf()函数可以从磁盘文件上读入ASCII字符：fscanf(fp,"%d,%f",&i,&t);，磁盘文件上如果有以下字符：

```
3,4.5
```

则将磁盘文件中的数据3送给变量i，4.5送给变量t。

3. 格式化读写函数注意事项

fprintf()函数和fscanf()函数可以实现对文件的按格式读写操作，使用方便，易于理解，但在输入时要将ASCII码转换为二进制形式，在输出时又要将二进制形式转换成字符，花费时间比较多，不提倡使用。

三、字读写函数

1. 字读函数 getw()

getw()函数的格式为：

```
getw(fp);
```

功能：是从fp指向的文件中读取一个字，如果文件结束或出错则返回-1。例如：

```
i=getw(fp);
```

其作用是从磁盘文件读取一个整数到内存，赋给整型变量i。

2. 字写函数 putw()

putw()函数的格式为：

```
putw(i,fp)
```

功能：将i的值输出到fp指向的文件中去。例如：

```
putw(10,fp);
```

四、字符串读写函数

1. 字符串读函数 fputs()

fgets()函数的格式为：

```
fgets(str,n,fp);
```

功能：从指定的磁盘文件中读入一个字符串。

2. 字符串写函数 fgets()

fputs()函数的格式为：

```
fputs(str,fp);
```

功能：把一个字符串写到指定的磁盘文件中。

3. 字符串读写函数注意事项

（1）使用fgets()函数从一个文件中读字符串时，函数只能从fp指向的文件输入n-1个字符，然后在最后加一个'\0'字符，因此得到的字符串共有n个字符。如果在读完n-1个字符之前遇到换行符或EOF，读入即结束。

（2）使用fputs()函数将字符串输出到文件时，字符串末尾的'\0'不输出。若输出成功，函数值为0；失败时为EOF。

五、文件的定位

1. 设置文件指针位置函数 fseek()

fseek()函数的一般形式如下：

```
fseek(文件类型指针,位移量,起始点)
```

功能：用于移动文件位置指针，即强制使位置指针指向其他指定的位置。例如：

```
fseek(fp,128L,0);          /* 文件位置指针向前移到距文件头 128 字节 */
```

“起始点”为0代表“文件开始”，为1代表“当前位置”，为2代表“文件末尾”，起始点说明见表10-2。

表 10-2 起始点说明

起 始 点	名 字	用数字代表
文件开始	SEEK_SET	0
文件当前位置	SEEK_CUR	1
文件末尾	SEEK_END	2

“位置量”指以“起始点”为基点，向前移动的字节数。

2. 重新指向函数 rewind()

rewind()函数的一般形式如下：

```
rewind(fp);
```

功能：将文件位置指针重新设置到文件的开头。

3. 文件当前位置函数 ftell()

ftell()函数的一般形式如下：

```
ftell(文件类型指针);
```

功能：返回文件的当前读写位置，并且相对于文件头的位移量来表示。

ftell()函数返回值为-1L时，表示出错（如文件不存在或指定流为终端）。

例如：

```
if((i=ftell(fp)==-1L)
  printf("FILE error!\n");
```

4. 文件定位注意事项

（1）fseek()函数一般用于二进制文件，因为文本文件将进行字符转换，计算位置时往往会发生混乱。

（2）执行rewind()函数，使文件的位置指针重新定位于文件开头，并使feof()函数的值恢复为0（假）。

（3）ftell()函数仅对流式文件有效，对ASCII文本文件往往会出错。

六、出错检测函数

1. 文件读写检查函数 ferror()

ferror()函数的一般格式如下：

```
ferror(文件类型指针);
```

功能：检查文件读写操作是否出错。

若ferror()函数的返回值为0（假），表示未出错；否则，表示出错。例如：

```
fputc(ch,fp);
if(ferror(fp))
{
   puts("write file error!\n");
   exit(0);
}
```

2. 消除错误标识函数 clearerr()

clearerr()函数的一般格式如下：

```
clearerr(文件类型指针);
```

功能：消除ferror()函数的错误标志。

在出现读写操作错误时，ferror()函数的返回值为一个非零值。在调用clearerr()函数后，ferror()函数的值变成0。

3. 出错检测函数注意事项

（1）对同一文件的一次读写操作，均产生一个新的ferror()函数值。所以，每次读写操作后，应立即检查ferror()函数的值；否则就会发生下一次读写操作后的ferror()函数的值覆盖了前一次读写操作后的ferror()函数的值，而不能及时发现错误。

（2）若出现读写操作错误标志，如果不改变它，将会一直保留下去，直到对同一文件调用clearerr()函数或rewind()函数，或任一其他读写操作函数。

知识应用

文件读写应用

（1）建立一个二进制文件，写入一组学生姓名和成绩，然后从文件中读出这些数据并显示。

分析：

① 定义一个结构体student和一个结构体数组stud，对其进行初始化。

② 使用fwrite()函数向fp所指文件中每次写入字节数为12（sizeof(struct student)）的1个数据块，数据块在内存中存放地址为&stud[i]，并判断每次写入的数据块是否为1。

③ 使用fread()函数从fp所指向的文件中每次读出12字节长度的1个数据块，保存在地址&stud[i]中。

```
#include <stdio.h>
void main()
{
   FILE *fp;            /* 定义文件指针 */
   struct student
   {
      char name[10];
      int score;
   }
   stud[]={{"zhangwei",66},{"liping",77},{"sunbin",88},
         {"wangjuns",90},{"tianxin",78}};
   int i;
   /* 文件打开 */
   if((fp=fopen("ex10_2_1.dat","wb"))==NULL)
   {
      printf("can not open this file!");
      exit(0);
   }
   /* 结构体信息写入文件 */
   for(i=0;i<5;i++)
   {
      if(fwrite(&stud[i],sizeof(struct student),1,fp)!=1)
      {
         puts("write file error.");
         exit(0);
      }
   }
   fclose(fp);             /* 文件关闭 */
   if((fp=fopen("ex10_2_1.dat","rb"))==NULL)
   {
      printf("can not open this file!");
      exit(0);
   }
   printf("xing ming      chengji\n");
   printf("----------------------------------\n");
   /* 显示文件中信息 */
   for(i=0;i<5;i++)
   {
      if(fread(&stud[i],sizeof(struct student),1,fp)!=1)
      {
         puts("read file error.");
         exit(0);
      }
      else
      {
         printf("%8s    %2d\n",stud[i].name,stud[i].score);
```

```
        }
    }
    fclose(fp);
}
```

（2）将一个字符串"afile"和一整数100写入文件bbb.txt中。

分析：本案例实现将一个字符串和一个整数写入文件的功能，其中fprintf(fp,"afile %d",100);是主要语句，由此语句实现写入功能。

```
#include <stdio.h>
#include <process.h>
FILE *fp;                                /* 定义文件指针 */
void main()
{
    if((fp=fopen("bbb.txt","wb"))==NULL)
    {
        printf(" 不能创建该文件 \n");
        exit(1);
    }
    fprintf(fp,"afileV%d",100);          /* 将 afile 字符和 100 按格式写入文件中 */
    printf(" 文件写入成功 \n");
    fclose(fp);                          /* 关闭文件 */
}
```

（3）编写一个程序，从键盘输入20个整数，并存入b1.dat文件中。

分析：

① 定义一个整型数组保存20个整数。

② 通过使用fwrite()函数向文件中写入数据，由于数组data定义为int类型，其中读写的字节数为2，要进行读写20个2字节的数据项。

```
#include <stdio.h>
void main()
{
    FILE *fp;
    int data[20],i;
    /* 信息录入 */
    for(i=0;i<20;i++)
    {
        scanf("%d",&data[i]);
    }
    /* 文件打开 */
    if((fp=fopen("num.txt","w+"))==NULL)
    {
        printf("can not open file b1.dat!");
    }
    else
    {
        fwrite(data,2,20,fp);       /* 信息写入文件 */
    }
    fclose(fp);
}
```

任务实施

一、任务流程分解

流程描述：模拟设计大数据行程码后台系统的系统日志模块，该模块可自动记录每个用户登录的时间，程序运行后，如果普通用户登录记录其登录时间；当管理员用户登录时，要通过密码验证管理员的合法性，记录其登录时间，并显示当前时刻所有用户的登录时间。

（1）程序初始化分析：定义用户名、密码、登录时间等存储变量。

（2）数据录入分析：用户录入自己的用户名。

（3）数据处理分析。

普通用户登录时，调用文件写入函数，将用户登录信息写入系统日志文件中。

管理员登录时，验证管理员密码是否正确，如果正确将管理员登录信息写入系统日志文件中，并读取整个系统日志文件中的信息。

（4）输出结果分析：（管理员）查看所有用户登录日志。

二、知识扩展

1. 内存初始化

使用方式：

```
void *memset(void *s, int ch, size_t n);
```

说明：将s中前n字节（typedef unsigned int size_t ）用 ch 替换并返回s。

2. 获取系统时间

类型说明：

视频

系统日志

time_t：时间类型。

struct tm：时间结构。

使用方式：

```
time_t rawtime;           /* 定义时间类型变量 */
struct tm*timeinfo;       /* 定义时间结构类型变量 */
time(&rawtime); /* 获取时间，以秒计，从 1970 年 1 月 1 日起算，保存于 rawtime 中 */
timeinfo=localtime ( &rawtime );     /* 转为当地时间，tm 时间结构 */
asctime(timeinfo);        /*tm 结构体中存储的时间转换为字符串字符 */
```

三、代码实现

```
#include <stdio.h>
#include <stdlib.h>
#include <string.h>
#include <time.h>
void save(char c[]);              /* 登录日志保存 */
void display();                   /* 登录日志显示 */
void main()
{
   char username[200];            /* 用户名 */
```

```
    char userpassword[200];              /* 密码 */
    time_t rawtime;                      /* 时间值 */
    struct tm*timeinfo;
    char dltime[50];                     /* 登录时间 */
    printf("************************************\n");
    printf("** 欢迎登录大数据行程码后台管理系统 **\n");
    printf("************************************\n");
    printf("请输入登录用户名: ");
    gets(username);
    time(&rawtime);
    timeinfo=localtime(&rawtime);        /* 获取当前系统时间 */
    if(strcmp(username,"administrator")==0)
    {
        printf("请输入管理员密码:");
        gets(userpassword);
        if(strcmp(userpassword,"admin123")==0)
        {
            /* 管理员登录，录入并查看登录日志 */
            strcpy(dltime,asctime (timeinfo));
            strcat(username,"登录时间: ");
            strcat(username,dltime);
            save(username);
            display();
        }
    }
    else
    {
        /* 普通用户登录，录入登录日志 */
        strcpy(dltime,asctime (timeinfo));
        strcat(username,"登录时间: ");
        strcat(username,dltime);
        save(username);
    }
}
void save(char c[])
{
    FILE *fp=fopen("e:\\aaa.txt","a");
    if(fp==NULL)
    {
        printf("不能打开该文件");
        exit(0);
    }
    fputc('\n',fp);
    fputs(c,fp);
    fclose(fp);
}
void display()
{
    FILE *fp=fopen("e:\\aaa.txt","r");
    int file_size;
```

```
    char* tmp;
    char c[1024];
    if(fp==NULL)
    {
       printf(" 不能打开该文件 ");
       exit(0);
    }
    fseek(fp,0,SEEK_END);                          /* 指向文件尾部 */
    file_size=ftell(fp);                           /* 读取文件内容长度 */
    tmp=(char *)malloc(file_size);
    memset(tmp, 0x00,file_size);                   /* 内存做初始化工作 */
    fseek(fp,0,SEEK_SET);
    while(fgets(c,sizeof(c),fp)!=NULL)
          strcat(tmp,c);
    fclose(fp);
    printf("%s",tmp );
    fclose(fp);
}
```

四、结果演示

本任务的结果演示如图10-3所示。

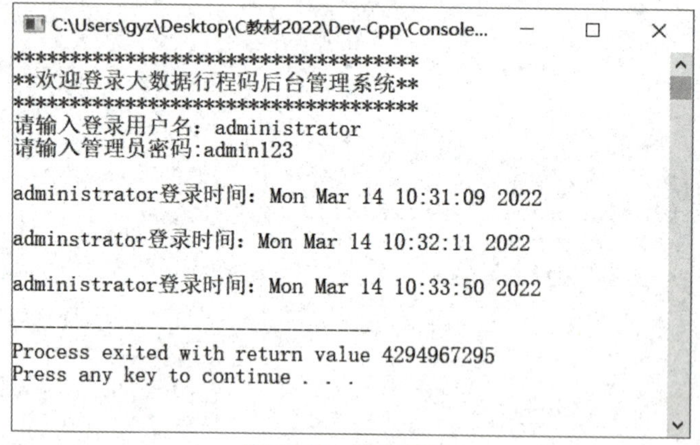

图 10-3　结果演示

小　　结

本章主要内容为文件处理，对文件操作分为3步：打开文件、读写文件、关闭文件。文件的访问是通过stdio.h中定义的名为FILE的结构类型实现的，它包括文件操作的基本信息。一个文件被打开时，编译程序自动在内存中建立该文件的FILE结构，并返回指向文件起始地址的指针。

本章的难点内容为正确使用文件的读/写函数，正确使用fseek()函数移动文件指针，从而实现随机读写文件。其中fscanf()函数与fprintf()函数、fgetc()函数与fputc()函数、fgets()函数与fputs()函数、fread()函数与fwrite()函数使用时最好配对使用。

练　习　题

初级题

一、选择题

1. 在C语言中对文件操作的一般步骤是（　　）。

A. 读写文件→打开文件→关闭文件　　B. 打开文件→读写文件→关闭文件

C. 打开文件→关闭文件→读写文件　　D. 关闭文件→读写文件→打开文件

2. ftell()函数的作用是（　　）。

A. 得到流式文件中的当前位置　　B. 移动流式文件的位置指针

C. 初始化流式文件的位置　　D. 以上答案均正确

3. rewind()函数的作用是（　　）。

A. 使位置指针重新返回文件的开头

B. 将位置指针指向文件中所要求的特定位置

C. 使位置指针指向文件的末尾

D. 使位置指针自动移至下一个字符的位置

4. fseek(fp,OL,SEEK_END)函数中的SEEK_END代表的起始点是（　　）。

A. 文件开始　　B. 文件末尾

C. 文件当前位置　　D. 以上都不对

5. 若fp是指向某文件的指针，且已读到文件末尾，则feof(fp)函数的返回值是（　　）。

A. EOF　　B. -1　　C. 1　　D. NULL

6. 在对文件进行操作时，使用fopen()函数打开一个文件，其中文件使用方式共有（　　）种。

A. 2　　B. 3　　C. 6　　D. 12

7. 若执行fopen()函数时不成功，则函数的返回值是（　　）。

A. 地址值　　B. NULL　　C. 1　　D. EOF

8. 使用“r”方式打开一个文件的含义是（　　）。

A. 为输入打开一个文本文件　　B. 为输出打开一个文本文件

C. 为输入打开一个二进制文件　　D. 为输出打开一个二进制文件

9. 使用“wb”方式打开一个二进制文件，如果指定文件不存在（　　）。

A. 出错　　B. 正常打开　　C. 建立新文件　　D. 打开并追加

10. 以下与fseek(fp,0L,SEEK_SET)函数有相同作用的是（　　）。

A. feof(fp)　　B. ftell(fp)　　C. fgetc(fp)　　D. rewind(fp)

二、程序题

读写字符文件charfile.txt，每次读取一个字符。

中级题

一、选择题

1. 数据块写入函数fwrite()的一般调用形式是（　　）。

A. fwrite(buffer,count,size,fp)　　B. fwrite(fp,size,count,buffer)

C. fwrite(fp,count,size,buffer)　　D. fwrite(buffer,size,count,fp)

2. 通过用FILE定义的指针变量访问文件，对文件进行读写操作，其中的FILE是（　　）。

A. 指针变量　　B. 指向文件的指针变量

C. 结构体类型标识符　　D. 结构体变量

3. 若执行fopen()函数时成功，则函数的返回值是（　　）。

A. 地址值　　B. NULL　　C. 1　　D. EOF

4. 若调用fputc()函数成功输出字符，则其返回值是（　　）。

A. EOF　　B. 1　　C. 0　　D. 输出的字符

5. 利用fseek()函数可实现的操作是（　　）。

A. fseek(文件类型指针,起始点,位移量)

B. fseek(文件类型指针,位移量,起始点)

C. fseek(位移量,起始点,fp)

D. fseek(起始点,位移量,文件类型指针)

6. 函数调用语句fseek(fp,-20L,2);的含义是（　　）。

A. 将文件位置指针移到距离文件头20字节处

B. 将文件位置指针从当前位置向后移动20字节

C. 将文件位置指针从文件末尾处后退20字节

D. 将文件位置指针移到离当前位置20字节处

7. 已知数据块读取函数的调用形式为fread(buf,size,count,fp)，其中buf代表的是（　　）。

A. 一个整型变量，代表要读入的数据总数

B. 一个文件指针，指向要读的文件

C. 一个指针，指向要读入数据的存放地址

D. 一个存储区，存放要读的数据项

8. 使用“a+”方式打开一个文本文件，如果指定文件存在（　　）。

A. 出错　　B. 正常打开　　C. 建立新文件　　D. 打开并追加

9. 以下可作为函数fopen文件名及路径参数的正确格式是（　　）。

A. c:/usr/abc,txt　　B. c://usr//abc.txt　　C. c:\usr\abc.txt　　D. c:\\usr\\abc.txt

10. fprintf()函数的正确调用形式是（　　）。

A. fprintf(文件指针,格式字符串,输出表列)

B. fprintf(格式字符串,输出表列,文件指针)

C. fprintf(文件指针,格式字符串,地址表列)

D. fprintf(文件指针,格式字符串)

二、程序题

从键盘输入字符后，写入到磁盘文件datafile.txt中。

一、选择题

1. 下列叙述中正确的是（　　）。

A. C语言程序必须要有return语句

B. C语言程序中，要调用的函数必须在main()函数中定义

C. C语言程序中，只有int类型的函数可以未经声明而出现在调用之后

D. C语言程序中，main()函数必须放在程序开始部分

2. fscanf()函数的正确调用形式是（　　）。

A. fscanf(格式字符串,输出表列)

B. fscanf(格式字符串,输出表列,文件指针)

C. fscanf(文件指针,格式字符串,地址表列)

D. fscanf(文件指针,格式字符串,输出表列)

3. 利用fread(buffer,size,count,fp)函数可实现的操作是（　　）。

A. 从fp指向的文件中，将count字节的数据读到由buffer指出的数据区中

B. 从fp指向的文件中，将size × count字节的数据读到由buffer指出的数据区中

C. 以二进制形式读取文件中的数据，返回值是实际从文件读取数据块的个数

D. 若文件操作出现异常，则返回实际从文件读取数据块的个数

4. 已知Student为学生结构类型，下列关于语句fwrite(buffer,sizeof(struct Student),3,fp);描述不正确的是（　　）。

A. 将3个学生的数据块按二进制形式写入文件

B. 将由buffer指定的数据缓冲区内的3 × sizeof(struct Student)字节数据写入指定文件

C. 返回实际输出数据块的个数, 若返回0，表示输出结束或发生了错误

D. 若由fp指定的文件不存在，则返回0值

5. 若有以下定义和说明:

```
#include <stidio.h>
struct std
{
    char num[6];
    char name[8];
    float mark[4];
}a[30];
FILE*fp;
```

设文字中以二进制形式存储10个班的学生数据，且已正确打开，文件位置指针定位于文件开头。若要从文件中读出30个学生的数据放入a数组中，以下不能实现此功能的语句是（　　）。

A. for(i=0;i<30; i++) fread(&a[i],sizeof(struct std),1L, fp);

B. for(i=0;i<30;i++) fread(a+i,sizeof(struct std),1L,fp);

C. for(i=0;i<30;i++) fread(a,sizeof(struct std),30L,fp);

D. for(i=0;i<30;i++) fread(a[i],sizeof(struct std),1L,fp);

6. 标准函数 fgets(s,n,f) 的功能是（　　）。

A. 从文件f中读取长度为n的字符串存入指针s所指的内存

B. 从文件f中读取长度不超过n-1的字符串存入指针s所指的内存

C. 从文件f中读取n个字符串存入指针s所指的内存

D. 从文件f中读取长度为n-1的字符串存入指针s所指的内存

7. 设有以下结构类型：

```
struct st{
   char name[8];
   int num;
   float s[4];
}student[50];
```

并且结构体数组student中的元素都已有值，若要将这些元素写到硬盘文件中，以下不正确的形式是（　　）。

A. fwrite(student,sizeof(struct st),50,fp);

B. fwrite(student,50*sizeof(struct st),1,fp);

C. fwrite(student,25*sizeof(struct st),25,fp);

D. for(1=0;i<50;i++) fwrite(student+i,sizeof(struct st),1,fp);

8. 阅读程序，以下对程序功能的描述中正确的是（　　）。

```
#include <stdio.h>
void main()
{
    FILE*in,*out;
    char infile[10],outfile[10];
    int ch;
    printf("Enter the infile name:\n");
    scanf("%s",infile);
    printf("Enter the outfile name:\n");
    scanf("%s",outfile);
    if((in=fopen(infile,"r"))==NULL)
    {
```

```
        printf("cannot open infile\n");exit(0);}
        if((out=fopen(outfile,"w"))==NULL)
        {
            printf("cannot open outfile\n");
            exit(0);
        }
        while ((ch=fgetc(in))!=EOF)
        fputc(ch,out);
        fclose(in);
        fclose(out);
}
```

A. 程序完成将磁盘文件的信息在屏幕上显示的功能

B. 程序完成将两个磁盘文件合二为一的功能

C. 程序完成将一个磁盘文件复制到另一个磁盘文件中

D. 程序完成将两个磁盘文件合并并且在屏幕上输出

二、程序题

1. 编写函数实现单词的查找，对于已打开文本文件，统计其中包含某单词的个数。

2. 读出文件sfile.txt中的内容，反序写入另一个文件dfile.txt中去。

3. 文件data.txt中存有如下格式的数据（数据之间用空格分隔），请用格式化输入函数读取文件内容并显示出来。

第11章 综合任务

通过综合任务练习，加深对结构化程序设计思想的理解，能对系统功能进行分析，并设计合理的模块化结构。熟练运用指针、链表、结构体、文件等数据结构，提高程序开发能力，能运用合理的控制流编写清晰高效的程序。培养学生C语言知识运用和自学能力，真正地把课堂上获得的知识运用起来，培养学生对程序编写的兴趣，并能独立设计和实现一个中小型系统。

一般在综合项目中，经常使用预编译处理。预处理命令不是C语言的组成部分，更不是C语句。预处理命令都是以“#”开头，每个预处理命令必须独占一行，末尾不加分号。预处理命令可以出现在程序中的任何位置，但一般都将预处理命令放在源文件的首部，其作用范围是从出现处直至文件结束。C语言提供的预处理功能主要有宏定义、文件包含、条件编译等。合理地使用预处理功能编写的程序便于阅读、修改、调试和移植，也有利于进行模块化程序设计。

任务30 图书管理系统

任务描述

（1）新书入库：图书信息包括书名、书号、库存量、现存量共4项。首先输入3本书的信息，并将其存入bookzh.txt文件中。当有新书入库时，先判断文件中是否有此书（即比较书名），若有则修改库存量、现存量的信息；若无此书，则将该书的信息添加到文件中。

（2）图书查询：输入一个书号，在文件中查找此书，若找到则输出此书的全部信息；若找不到则输出查找失败信息。

（3）借阅管理。

① 每个读者的信息包括姓名、编号、1张借书卡（限借一本书），输入3个读者的信息存入readerzh.txt文件中。

② 借书登记：输入读者的编号、所借图书的书号，先判断姓名是否在readerzh.txt文件中，若有则将书号存入一张借书卡上（注：初始时借书卡的信息都为零，借书后借书卡的信息改为所借书的书号），并修改readerzh.txt文件的相应内容，同时修改bookzh.txt文件中此书的现存量。若readerzh.txt文件中无此姓名，则应提示错误。

③ 还书管理：输入读者的编号、所还图书的书号，借书卡的信息置为零，并修改readerzh.

txt文件中的相应内容，同时修改bookzh.txt文件中此书的现存量。

(4) 输出全部图书信息和全部读者信息。

(5) 退出系统。

知识准备

一、含有包含文件的程序

所谓文件包含，是指在一个文件中将另一个文件的全部内容包含进来。文件包含命令的功能是把指定的文件插入该命令行的位置取代该命令行，从而把指定的文件包含进当前的源程序文件中，并连成一个源文件。文件包含命令在程序设计中是很有用的。一个大的程序可分为多个模块，由多个程序员分别编程。一些公用的符号常量或宏定义等可单独组成文件，在其他文件的开头用包含命令包含该文件即可。这样可避免在每个文件开头都去书写那些公用量，从而减少出错，并节省时间。

文件包含的一般形式如下：

```
#include "文件名"
```

或

```
#include <文件名>
```

二、含有条件编译的程序

条件编译也是预处理程序提供的功能之一。一般情况下源程序中所有行都参加编译，但有时可以按不同的条件编译不同的程序部分，由此产生不同的目标代码文件，这对程序的调试和移植很有用。条件编译通常有3种形式。

1. 条件编译形式 1

```
#ifdef 标识符
   程序段1
#else
   程序段2
#endif
```

功能：如果标识符已被 #define命令定义过，则对程序段1进行编译，否则对程序段2进行编译。其中#else部分可以没有，即：

```
#ifdef 标识符
   程序段1
#endif
```

2. 条件编译形式 2

```
#ifndef 标识符
   程序段1
```

```
#else
   程序段 2
#endif
```

功能：如果标识符未被#define命令定义过，则对程序段1进行编译，否则对程序段2进行编译。其中#else部分可以没有。

3. 条件编译形式 3

```
#if 表达式
   程序段 1
#else
   程序段 2
#endif
```

功能：如果表达式的值为真（非0），则对程序段1 进行编译，否则对程序段2进行编译。其中#else部分可以没有。

知识应用

输入一行字母，根据需要设置条件编译，使字母全改为大写输出或小写输出。

```
#define LETTER 1
main()
{
   char str[30]="THIS IS a string.",c;
   int i=0;
   while(i<=30)
   {
     c=str[i];
     if(c=='\0')  break;
     #if LETTER
       if(c>='A' && c<='Z')
         c=c+32;
     #else
       if(c>='a' && c<='z')
         c=c-32;
     #endif
     printf("%c",c);
     i++;
   }
}
```

任务实施

一、任务流程分解

图书管理系统分解如图11-1所示。

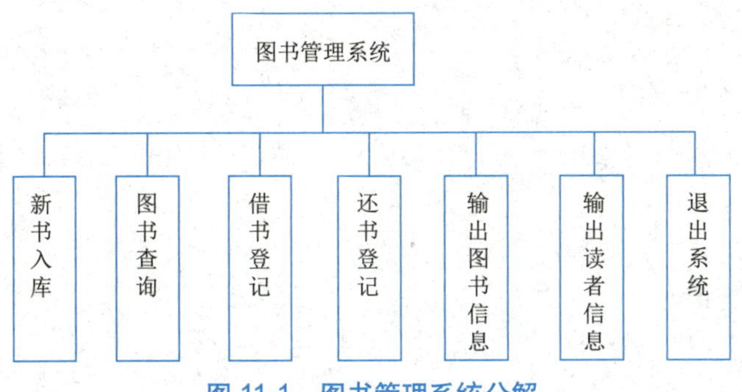

图 11-1 图书管理系统分解

二、数据结构设计

程序中考虑到图书信息和读者信息中都包含有不同类型的数据，故分别建立图书和读者两种类型的结构体；由于图书和读者的数量非固定，所以采用动态链式存储实现。

1. 图书类型

```
typedef struct bk{
    char book_num[11];          /* 书号采用 10 位编码，最后 1 位为字符串结束标志（下同）*/
    char book_name[41];         /* 书名规定不超过 40 个字母（20 个汉字）*/
    unsigned book_kc,book_xc;   /*book_kc 代表库存量、book_xc 代表现存量 */
    struct bk *next;
}book;
```

2. 读者类型

```
typedef struct rd{
    char reader_num[11];        /* 读者编号采用 10 位编码 */
    char reader_name[11];       /* 读者姓名 */
    char reader_book_num[11];   /* 表示所借书号，初始值为 "0"*/
    struct rd *next;
}reader;
```

三、文件存储路径

存储数据的文件bookzh.txt、readerzh.txt都存储在程序同一文件夹下。

四、代码实现

1. 定义全局变量 global.h

```
typedef struct bk {
    char book_num[11];
    char book_name[41];
    int  book_kc;
    int  book_xc;
    struct bk * next;
}book;                      /* 图书信息 */

typedef struct rd {
    char reader_num[11];
```

```
    char reader_name[11];
    char reader_book_num[11];
    struct rd *next ;
}reader;                          /* 读者信息 */
struct bk *h_book,*h_reader;  /* 全局变量，分别为指向图书信息链表和读者信息链表的头指针 */
```

2. 图书管理程序主文件

```
#define _CRT_SECURE_NO_WARNINGS
#include <stdio.h>
#include <stdlib.h>
#include <malloc.h>
#include <math.h>
#include <string.h>
#include "global.h"

void Form_Insert_New_Book();              /* 新书入库菜单 */
void Form_Find_Book();                    /* 查询图书菜单 */
void Form_Borrow_Book();                  /* 借书菜单 */
void Form_Return_Book();                  /* 还书菜单 */
void Find_Book(char *);                   /* 查询图书 */
void Insert_New_Book(char *,char *,int ); /* 新书入库，即在链表中插入一个新结点 */
void Borrow_Book(char *,char *);          /* 借书，修改读者借阅信息和图书的现存信息 */
void Return_Book(char *,char *);          /* 还书，修改读者借阅信息和图书的现存信息 */
void print_book(struct bk *);             /* 输出全部图书信息 */
void print_reader(struct rd *);           /* 输出全部读者信息 */
void load_data();                         /* 从文件中读取数据，链表头指针指向第一个结点 */
void init_reader();                       /* 第一次运行程序时对三个读者的初始化 */
void init_book();                         /* 第一次运行程序时对三本图书的初始化 */
void save();                              /* 将链表中的信息保存到文件中 */

void M_Form()                             /* 主菜单 */
{ char ch;
   printf("\n 图书管理系统主窗口 ");
   printf("\n 0:退出系统 ");
   printf("\n 1:新书入库 ");
   printf("\n 2:图书查询 ");
   printf("\n 3:借书登记 ");
   printf("\n 4:还书管理 ");
   printf("\n 5:输出全部信息 ");

   do{                                    /* 此循环用来保证选择正确的数字键执行相应的功能 */
   printf("\n\n 请选择相应的功能代码: ");
   scanf("%c",&ch);
   fflush(stdin);                         /* 用于清除键盘缓冲区中的多余字符 */
     }while(ch!='0'&&ch!='1'&&ch!='2'&&ch!='3'&&ch!='4'&&ch!='5');
   switch(ch)                             /* 根据输入的字符选择执行相应的模块 */
   { case '0':exit(0);
     case '1':Form_Insert_New_Book();break;
     case '2':Form_Find_Book();break;
     case '3':Form_Borrow_Book();break;
     case '4':Form_Return_Book();break;
     case '5':load_data();print_book(h_book);print_reader(h_reader);M_Form();
     default:printf("error\n");exit(0);
```

```
        }
    }
    void Form_Find_Book()
    {
        char ch;
        char book_num[11];
        printf("\n 图书查询功能模块，请选择相应的功能代码：\n");
        printf(" 0:返回到主菜单\n");
        printf(" 1:图书查询");
        do{
            printf("\n\n 请选择相应的功能代码：");
            scanf("%c",&ch);
            fflush(stdin);
        }while(ch!='0'&&ch!='1');
       switch(ch)
       {
         case '0':M_Form();break;   /*选择0，则返回上一级目录，即主菜单*/
         case '1':
    {
            printf("\n请输入需要需要查询的书的编号:");
            scanf("%s",book_num);
            fflush(stdin);
            Find_Book(book_num);    /*执行查询*/
            Form_Find_Book();        /*查询完毕后继续返回查询窗口，执行下一个查询*/
         }
         default:printf("error\n");exit(0);
       }
    }
    void Find_Book(char book_num[]) /*查询图书模块，根据图书编号查询*/
    {
        struct bk *p;
        p=h_book;
        while(p!=NULL&&strcmp(p->book_num,book_num)!=0)
          p=p->next;   /*此循环用于查找，如果在中间找到，则p就不可能到末尾指向空*/
        if(p==NULL)
          printf("\n\t此编号对应的图书不存在！\n");
        else {
          printf("\n\t图书编号\t图书名\t库存量\t现存量\n");
          printf("  %10s\t  %10s\t  %d\t   %d\t\n",p->book_num,p->book_ name,p->book_kc,
p->book_xc);
        }
        getch();
    }
    void init_book()                    /*初始化图书模块*/
    {
        book ba[3];
        FILE *fp;
        int i;
        printf("\n系统即将进行初始化，图书初始化模块:\n");
        printf("\n请分别输入三本书的书号、书名、数量(以回车隔开)：\n");
        for(i=0;i<3;i++)                /*输入三本图书进行初始化*/
          scanf("%s%s%d",ba[i].book_num,ba[i].book_name,&ba[i].book_kc);
        for(i=0;i<3;i++) {ba[i].book_xc=ba[i].book_kc;} /*开始时库存=现存*/
```

```
    if((fp=fopen("bookzh.txt","wb"))==NULL)/* 建立新文件 bookzh.txt 准备写入数据 */
    {
      printf(" 不能建立图书文件，初始化失败！请重新启动系统！ \n");
      return;
      }
    for(i=0;i<3;i++)          /* 将初始化的 3 本图书写入 bookzh.txt 文件中 */
    {
       if(fwrite(&ba[i],sizeof(struct bk),1,fp)!=1)
       {  printf("\ 写数据错误！ \n");
       exit(0);
       }
    }
    fclose(fp);
}

void init_reader()
/* 系统第一次运行时，初始化三位读者信息，从键盘读入 */
{
    FILE *fp;
    reader ra[3];
    int i;
    printf("\n 系统即将进行读者初始化 :\n");
    printf("\n 请分别输入三位读者的编号和姓名（以空格隔开）: \n");
    for(i=0;i<3;i++)
      scanf("%s%s",ra[i].reader_num,ra[i].reader_name);
    for(i=0;i<3;i++)
      strcpy(ra[i].reader_book_num,"0");


    if((fp=fopen("readerzh.txt","wb"))==NULL)
    {
      printf(" 不能建立读者文件，初始化失败！请重新启动系统！ \n");
      return;
    }
    for(i=0;i<3;i++)              /* 将三位读者信息写入文件 */
    {
       if(fwrite(&ra[i],sizeof(struct rd),1,fp)!=1)
       {
       printf("\ 写数据错误！ \n");
       exit(0);
       }
    }
     fclose(fp);
}

void init()                        /* 图书信息、读者信息进行初始化 */
{

    init_book();
    init_reader();
}

void print_book(struct bk *h)
```

```
/*输出图书信息*/
{
    struct bk *p;
    p=h;
    printf("\n\t图书编号    \t图书名     \t库存量     \t现存量    \n");
    while(p!=NULL)
    {
        printf("   %10s\t  %10s     %10d\t%10d\n",p->book_num,p->book_name,
        p-> book_kc,p->book_xc);
        p=p->next;
    }
}
void print_reader(struct rd *h)
/*输出读者信息*/
{
    struct rd *p;
    p=h;
    printf("\n\t读者编号    \t读者姓名      \t所借书号    \n");
    while(p!=NULL)
    {
        printf("   %10s\t  %10s      %10s\n",p->reader_num,p->reader_name,
        p->
        reader_book_num);
        p=p->next;
    }

}
void Form_Borrow_Book()
/*借书菜单界面*/
{
    char ch;
    char book_num[11],reader_num[11];
    printf("\n 图书借阅功能模块，请选择相应的功能代码: \n");
    printf(" 0:返回到主菜单\n");
    printf(" 1:图书借阅\n");
    do{
        printf("\n\n 请选择相应的功能代码: ");
        scanf("%c",&ch);
        fflush(stdin);
    }while(ch!='0'&&ch!='1');
    switch(ch)
    {
      case '0':M_Form();break;
      case '1':
      {
         printf("\n请输入读者编号与所借书编号:(以空格分隔)");
         scanf("%s%s",reader_num,book_num);
         fflush(stdin);
         Borrow_Book(reader_num,book_num);  /*调用借书函数，执行借书功能*/
         Form_Borrow_Book();                /*借书完成后，程序返回借书菜单*/
      }
      default:printf("error\n");exit(0);
    }
```

```
}
void Borrow_Book(char reader_num[],char book_num[])
/* 输入读者编号，和需要借阅的图书编号，执行借书功能 */
{
   struct bk *book_p;
   struct rd *reader_p;
   book_p=h_book;
   while(book_p!=NULL&&strcmp(book_p->book_num,book_num)!=0)
      book_p=book_p->next;
   if(book_p==NULL)
   {
        printf("\n\t 此编号对应的图书不存在! \n");
        Form_Borrow_Book();
   }
   reader_p=h_reader;
   while(reader_p!=NULL&&(strcmp(reader_p->reader_num,reader_num)!=0))
     reader_p=reader_p->next;
   if(reader_p==NULL)
   {
      printf("\n\t 此编号对应的读者不存在! \n");
      Form_Borrow_Book();
   }
   else if(strcmp(reader_p->reader_book_num,"0")!=0)
   {
      printf("\n\t 已达到最大借阅数，不能再借书! \n");
      Form_Borrow_Book();
   }
   else {
     book_p->book_xc=book_p->book_xc-1;      /* 借书完成后，修改现存量 */
     strcpy(reader_p->reader_book_num,book_p->book_num);/* 修改读者的借阅信息 */
     save();                         /* 将修改后的信息保存到文件中 */
     load_data();                    /* 读入新文件中的数据 */
   }
   Form_Borrow_Book();               /* 程序执行完毕后，返回借书菜单界面 */
}
void Form_Return_Book()
/* 还书菜单 */
{
   char ch;
   char book_num[11],reader_num[11];
   printf("\n 归还图书功能模块，请选择相应的功能代码: \n");
   printf(" 0:返回到主菜单 \n");
   printf(" 1:归还图书 \n");
   do{
       printf("\n\n 请选择相应的功能代码: ");
       scanf("%c",&ch);
       fflush(stdin);
   }while(ch!='0'&&ch!='1');
   switch(ch)
   {
     case '0':M_Form();break;
     case '1':
     {
```

```
        printf(" \n请输入读者编号与所还书编号：(以空格分隔)");
        scanf("%s%s",reader_num,book_num);
        fflush(stdin);
        Return_Book(reader_num,book_num);      /*调用还书函数*/
        Form_Return_Book();
     }
    default:printf("error\n");exit(0);
  }

}
void Return_Book(char reader_num[],char book_num[])
/*输入读者编号和所还书编号执行还书*/
{
    struct bk *book_p;
    struct rd *reader_p;
    book_p=h_book;
    while(book_p!=NULL&&strcmp(book_p->book_num,book_num)!=0)
       book_p=book_p->next;
    if(book_p==NULL)
    {
       printf("\n\t此编号对应的图书不存在！ \n");
       Form_Return_Book();
    }
    reader_p=h_reader;
    while(reader_p!=NULL&&(strcmp(reader_p->reader_num,reader_num)!=0))
       reader_p=reader_p->next;
    if(reader_p==NULL)
    {
      printf("\n\t此编号对应的读者不存在！ \n");
      Form_Return_Book();
    }
    else if(strcmp(reader_p->reader_book_num,book_num)!=0)
    {
       printf("\n\t读者没有借阅此书\n");
       Form_Return_Book();
    }
    else {
      book_p->book_xc=book_p->book_xc+1;           /*还书后，修改图书库存量*/
      strcpy(reader_p->reader_book_num,"0");       /*还书后，修改读者借阅信息*/
      save();                                      /*保存到文件*/
      load_data();                                 /*读入文件中的数据*/
    }
    Form_Return_Book();
}

void Insert_New_Book(char book_num[],char book_name[],int number)
/*增加1本新书，读入新书的名称、编号和数量*/
{
    struct bk *book_fp;
    struct bk *p,*q,*t;
    q=h_book;
    p=h_book;
```

```
    while(p->next!=NULL && strcmp(p->book_num,book_num)!=0)
    { q=p;p=p->next; }

    if(strcmp(p->book_num,book_num)==0)
    {
      printf("\n\t\t 此编号已经存在，请重新输入 !\n");
      return;
    }
    t=(struct bk *)malloc(sizeof(struct bk));
    strcpy(t->book_num,book_num);
    strcpy(t->book_name,book_name);
    t->book_kc=t->book_xc=number;
    q->next=t;t->next=NULL;
    if((book_fp=fopen("bookzh.txt","ab"))==NULL)
    {  printf(" 不能建立图书文件，初始化失败! 请重新启动系统! \n"); return; }
    /* 将新书信息添加到文件中 */
    fwrite(t,sizeof(struct bk),1,book_fp);
    fclose(book_fp);
}

/* 添加新书菜单 */
void Form_Insert_New_Book()
{  char ch;
   struct bk t;
   printf("\n 新书入库功能模块，请选择相应的功能代码: \n");
   printf(" 0:返回到主菜单 \n");
   printf(" 1:新书入库 ");
   do{
       printf("\n\n 请选择相应的功能代码: ");
       scanf("%c",&ch);
       fflush(stdin);
  }while(ch!='0'&&ch!='1'&&ch!='2'&&ch!='3'&&ch!='4'&&ch!='5');
  switch(ch)
  {
    case '0':M_Form();break;
    case '1':
    {
      printf("\n 请按顺序输入新书的编号、名称、数量(以空格隔开): ");
      scanf("%s%s%d",t.book_num,t.book_name,&t.book_kc);
      fflush(stdin);
      Insert_New_Book(t.book_num,t.book_name,t.book_kc);
      Form_Insert_New_Book();
    }
    default:printf("error\n");exit(0);
  }
}
void load_data()
/* 从 bookzh.txt 文件和 readerzh.txt 文件中读取数据到内存 */
/* 将读取的数据存放到 2 个链表中 */
{
    struct bk *book_p1,*book_p2,*book_p3;
    struct rd *reader_p1,*reader_p2,*reader_p3;
    FILE *fp_book,*fp_reader;
```

```
    fp_book=fopen("bookzh.txt","rb");
    book_p1=(struct bk *)malloc(sizeof(struct bk));
    fread(book_p1,sizeof(struct bk),1,fp_book);
    h_book=book_p3=book_p2=book_p1;
    while(! feof(fp_book))
    {
       book_p1=(struct bk *)malloc(sizeof(struct bk));
       fread(book_p1,sizeof(struct bk),1,fp_book);
       book_p2->next=book_p1;book_p3=book_p2;book_p2=book_p1;
    }
    book_p3->next=NULL;
    free(book_p1);
    fclose(fp_book);
    fp_reader=fopen("readerzh.txt","rb");
    reader_p1=(struct rd *)malloc(sizeof(struct rd));
    fread(reader_p1,sizeof(struct rd),1,fp_reader);
    h_reader=reader_p3=reader_p2=reader_p1;
    while(! feof(fp_reader))
    {
       reader_p1=(struct rd *)malloc(sizeof(struct rd));
       fread(reader_p1,sizeof(struct rd),1,fp_reader);
       reader_p2->next=reader_p1;reader_p3=reader_p2;reader_p2=reader_p1;
    }
    reader_p3->next=NULL;
    free(reader_p1);
    fclose(fp_reader);
}
void save()
/*将链表中的数据保存到内存中*/
{
    FILE *book_fp,*reader_fp;
    struct bk *book_p;
    struct rd *reader_p;
    book_p=h_book;
    reader_p=h_reader;
    if((book_fp=fopen("bookzh.txt","wb"))==NULL)
    {
       printf("不能建立图书文件，初始化失败！请重新启动系统！\n");
       return;
    }
    while(book_p!=NULL)
    {
       if(fwrite(book_p,sizeof(struct bk),1,book_fp)!=1)
       {
          printf("\写数据错误！\n");
          exit(0);
       }
       book_p=book_p->next;
    }
    fclose(book_fp);

    if((reader_fp=fopen("readerzh.txt","wb"))==NULL)
    {
```

```
        printf(" 不能建立图书文件，初始化失败！请重新启动系统！ \n");
        return;
    }
    while(reader_p!=NULL)
    {
        if(fwrite(reader_p,sizeof(struct rd),1,reader_fp)!=1)
        {
        printf("\ 写数据错误！ \n");
        exit(0);
        }
        reader_p=reader_p->next;
    }
    fclose(reader_fp);
}


main()
{
    FILE * fp;
    struct bk temp;
    h_book=NULL;
    h_reader=NULL;
    if((fp=fopen("bookzh.txt","r"))==NULL)
      init();       /* 第 1 次运行系统时的初始化 */
    load_data(); /* 从文件中读入数据 */
    M_Form();       /* 显示主菜单 */
    save();         /* 保存内存中的数据（即链表中的数据）到文件 */
    getchar();
}
```

五、程序运行结果

（1）初始化图书和读者全部信息，程序结果演示如图11-2所示。

```
    系统即将进行初始化，图书初始化模块:

    请分别输入三本书的书号、书名、数量（以回车隔开）:
      1001 《高等数学》 3
1002 《离散数学》 3
3001 《线性代数》 5

    系统即将进行读者初始化:

    请分别输入三位读者的编号和姓名（以空格隔开）:
      201 张三
202 李四
203 王五

                         图书管理系统主窗口
                         0:退出系统
                         1:新书入库
                         2:图书查询
                         3:借书登记
                         4:还书管理
                         5:输出全部信息

                        请选择相应的功能代码:

                        请选择相应的功能代码:
```

图 11-2　演示结果界面

（2）新书入库，程序结果演示如图11-3所示。

（3）图书查询，程序结果演示如图11-4所示。

```
                    图书管理系统主窗口
                    0:退出系统
                    1:新书入库
                    2:图书查询
                    3:借书登记
                    4:还书管理
                    5:输出全部信息

                   请选择相应的功能代码:

                   请选择相应的功能代码：1

          新书入库功能模块，请选择相应的功能代码:
              0:返回到主菜单
              1:新书入库

                   请选择相应的功能代码:

                   请选择相应的功能代码：1

请按顺序输入新书的编号、名称、数量（以空格隔开）：2003 《音乐理论》3
```

图 11-3　演示结果界面

```
                    图书管理系统主窗口
                    0:退出系统
                    1:新书入库
                    2:图书查询
                    3:借书登记
                    4:还书管理
                    5:输出全部信息

                   请选择相应的功能代码:

                   请选择相应的功能代码：2

          图书查询功能模块，请选择相应的功能代码:
              0:返回到主菜单
              1:图书查询

                   请选择相应的功能代码:

                   请选择相应的功能代码：1

请输入需要需要查询的书的编号:1001

图书编号          图书名    库存量   现存量
1001          《高等数学》     3        3

          图书查询功能模块，请选择相应的功能代码:
              0:返回到主菜单
              1:图书查询
```

图 11-4　演示结果界面

（4）借书登记，程序结果演示如图11-5所示。

（5）还书管理，程序结果演示如图11-6所示。

```
          0:退出系统
          1:新书入库
          2:图书查询
          3:借书登记
          4:还书管理
          5:输出全部信息

         请选择相应的功能代码:

         请选择相应的功能代码：3

图书借阅功能模块，请选择相应的功能代码:
    0:返回到主菜单
    1:图书借阅


         请选择相应的功能代码:

         请选择相应的功能代码：1

请输入读者编号与所借书编号:（以空格分隔）201 1001

图书借阅功能模块，请选择相应的功能代码:
    0:返回到主菜单
    1:图书借阅
```

图 11-5　演示结果界面

```
          图书管理系统主窗口
          0:退出系统
          1:新书入库
          2:图书查询
          3:借书登记
          4:还书管理
          5:输出全部信息

         请选择相应的功能代码:

         请选择相应的功能代码：4

归还图书功能模块，请选择相应的功能代码:
    0:返回到主菜单
    1:归还图书


         请选择相应的功能代码:

         请选择相应的功能代码：1

请输入读者编号与所还书编号:（以空格分隔）201 1001
```

图 11-6　演示结果界面

小　结

本章的综合任务是培养学生综合运用所学知识，发现、提出、分析和解决实际问题，锻炼实践能力的重要环节，是对学生实际工作能力的具体训练和考察过程。在开发综合任务过程中，不仅可以巩固以前所学过的知识，而且把所学的理论知识与实践结合起来，从而提高了实际动手能力和独立思考的能力。

本章内容包含宏定义，尤其是带参宏与函数的区别。宏定义是用一个标识符表示一个字符串，这个字符串可以是常量、表达式、格式串等，在宏调用时将用该字符串代替宏名。宏定义分为不带参数的宏定义和带参数的宏定义两种。

练　习　题

初级题

1. 输入一个华氏温度F，要求输出摄氏温度C，公式为：C=5/9(F−32)。输出要有文字说明，保留两位小数。

2. 编写一个程序，用户从键盘输入英文字母，如果是大写，将其转换成小写输出；如果是小写，将其转换成大写输出。提示：英文字母在计算机中以ASCII码表形式存在。

3. 输入三个整数，将它们从小到大输出。

4. 输入四个整数，将它们从小到大输出。

5. 编写函数，求不大于输入的整数的最大的质数。

6. 编写函数，求输入的两个整数的最大公约数。

7. 编写函数，求输入的两个整数的最小公倍数。

8. 使用递归方法求1~10的自然数和。

9. 输入6×6的数组，编写函数实现下面各要求，要求用数组名作为函数参数：

（1）求出对角线上各元素的和；

（2）求出对角线上行、列下标均为偶数的各元素的积；

（3）找出对角线上其值最大的元素和它在数组中的位置。

10. 用数组名作为函数参数，编写一个比较两个字符串s和t大小的函数strcomp(s,t)，要求s小于t时返回-1，s等于t时返回0，s大于t时返回1。在主函数中任意输入4个字符串，利用该函数求最小字符串。

中级题

1. 输出所有“水仙花数”，所谓的“水仙花数”是指一个三位数其各位数字的立方和等于该数本身。例如，153是“水仙花数”，因为$153 = 1^3 + 5^3 + 3^3$。

2. 编写程序，根据输入的三角形的三条边判断三角形的类型，并输出其面积和类型。

3. 猴子吃桃问题：猴子第一天摘下若干个桃子，当即吃了一半，还不过瘾，又多吃了一个。第二天早上又将第一天剩下的桃子吃掉一半，又多吃了一个。以后每天早上都吃了前一天剩下的一半零一个。到第 10 天早上想再吃时，发现只剩下一个桃子了。编写程序求猴子第一天摘了多少个桃子。

4. 如果一个渔夫从2011年1月1日开始每三天打一次渔，两天晒一次网，编程实现当输入2011年1月1日以后的任意一天，输出该渔夫是在打渔还是在晒网。

5. 任意整数，当从左向右读与从右向左读是相同的，且为素数时，称为回文素数。编写程序求1 000以内的所有回文素数。

6. 如果整数A的全部因子（包括1，不包括A本身）之和等于B；且整数B的全部因子（包括1，不包括B本身）之和等于A，则将整数A和B称为亲密数。编写程序，求3 000以内的全部亲密数。

7. 中国古代数学家张丘建在其《算经》中提出了一个著名的“百钱买百鸡问题”，鸡翁一，值钱五，鸡母一，值钱三，鸡雏三，值钱一，百钱买百鸡，问翁、母、雏各几何？请编程求解。

8. 一只兔子躲进了10个环形分布的洞的某一个，狼在第一个洞没有找到兔子，就隔一个洞，到第三个洞去找，也没有找到，就隔两个洞，到第六个洞去找，以后每次多隔一个洞去找兔子……这样下去，结果一直找不到兔子，编写程序求解：兔子可能躲在哪个洞中？

9. 编写程序求100以内的所有勾股数。所谓勾股数，是指能够构成直角三角形三条边的三个正整数（a、b、c）。

10. 张、王、李三家各有三个小孩。一天，三家的九个孩子在一起比赛短跑，规定不分年龄大小，跑第一得9分，跑第二得8分，依此类推。比赛结果显示各家的总分相同，且这些孩子没有同时到达终点的，也没有一家的两个或三个孩子获得相连的名次。已知获第一名的是李家的孩子，获第二名的是王家的孩子。编写程序求解，获得最后一名的是谁家的孩子？

高级题

1. 杨辉三角是我国古代一个重要的数学成就。

如图11-7所示，杨辉三角是一个满足以下条件的几何排列：

（1）每个数等于它上方两数之和。

（2）每行数字左右对称，由1开始逐渐变大。

（3）第 n 行的数字有 n 项。

编写程序，按题目要求输出杨辉三角中第 n 行第 m 个数字。

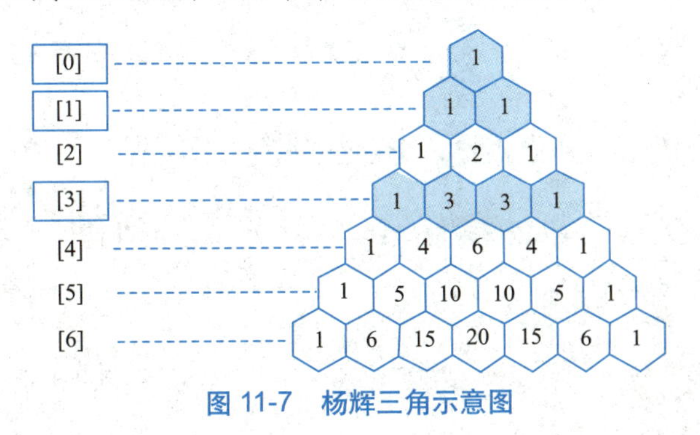

图 11-7 杨辉三角示意图

2. 编写程序，求自然底数。自然底数 e=2.718281828…，e 的计算公式如下：e=1+1/1!+1/2!+1/3!+…要求当最后一项的值小于10^{-10}时结束。

附　　录

附录 A　ASCII 表

字符	十进制	十六进制	字符	十进制	十六进制	字符	十进制	十六进制	字符	十进制	十六进制
NUL	0	00	SP	32	20	@	64	40	`	96	60
SOH	1	01	!	33	21	A	65	41	a	97	61
STX	2	02	"	34	22	B	66	42	b	98	62
ETX	3	03	#	35	23	C	67	43	c	99	63
EOT	4	04	$	36	24	D	68	44	d	100	64
ENQ	5	05	%	37	25	E	69	45	e	101	65
ACK	6	06	&	38	26	F	70	46	f	102	66
BEL	7	07	'	39	27	G	71	47	g	103	67
BS	8	08	(	40	28	H	72	48	h	104	68
HT	9	09	)	41	29	I	73	49	i	105	69
LF	10	0A	*	42	2A	J	74	4A	j	106	6A
VT	11	0B	+	43	2B	K	75	4B	k	107	6B
FF	12	0C	,	44	2C	L	76	4C	l	108	6C
CR	13	0D	-	45	2D	M	77	4D	m	109	6D
SO	14	0E	.	46	2E	N	78	4E	n	110	6E
SI	15	0F	/	47	2F	O	79	4F	o	111	6F
DLE	16	10	0	48	30	P	80	50	p	112	70
DC1	17	11	1	49	31	Q	81	51	q	113	71
DC2	18	12	2	50	32	R	82	52	r	114	72
DC3	19	13	3	51	33	S	83	53	s	115	73
DC4	20	14	4	52	34	T	84	54	t	116	74
NAK	21	15	5	53	35	U	85	55	u	117	75
SYN	22	16	6	54	36	V	86	56	v	118	76
ETB	23	17	7	55	37	W	87	57	w	119	77
CAN	24	18	8	56	38	X	88	58	x	120	78
EM	25	19	9	57	39	Y	89	59	y	121	79
SUB	26	1A	:	58	3A	Z	90	5A	z	122	7A
ESC	27	1B	;	59	3B	[	91	5B	{	123	7B
FS	28	1C	<	60	3C	\	92	5	|	124	7C
GS	29	1D	=	61	3D	]	93	5D	}	125	7D
RS	30	1E	>	62	3E	^	94	5E	~	126	7E
US	31	1F	?	63	3F	_	95	5F	DEL	127	7F

附录B　C语言中的关键字

auto	break	case	char	const
continue	default	do	double	else
enum	extern	float	for	goto
if	int	long	register	return
short	signed	sizeof	static	struct
switch	typedef	union	unsigned	void
volatile	while			

附录C　运算符及其结合性

优先级	运 算 符	含　义	要求运算对象的个数	结合方向
1	() [ ] -> .	圆括号 下标运算符 指向结构体成员运算符 结构体成员运算符		自左至右
2	! ~ ++ -- - (类型) * & sizeof	逻辑非运算符 按位取反运算符 自增运算符 自减运算符 负号运算符 类型转换运算符 指针运算符 地址与运算符 长度运算符	1（单目运算符）	自右至左
3	* / %	乘法运算符 除法运算符 求余运算符	2（双目运算符）	自左至右
4	+ -	加法运算法 减法运算法	2（双目运算符）	自左至右
5	<< >>	左移运算符 右移运算符	2（双目运算符）	自左至右
6	<= >=	关系运算符	2（双目运算符）	自左至右
7	== !=	等于运算符 不等运算符	2（双目运算符）	自左至右
8	&	按位“与”运算符	2（双目运算符）	自左至右
9	^	按位“异或”运算符	2（双目运算符）	自左至右
10	|	按位“或”运算符	2（双目运算符）	自左至右
11	&&	逻辑“与”运算符	2（双目运算符）	自左至右
12	‖	逻辑“或”运算符	2（双目运算符）	自左至右
13	？：	条件运算符	3（双目运算符）	自右至左

续表

优先级	运 算 符	含 义	要求运算对象的个数	结合方向
14	= += -= *= /= %= >>= <<= &= ^= !=	赋值运算符	2（双目运算符）	自左至右
15	,	逗号运算符（顺序求值运算符）		自左至右

说明：

（1）同一优先级的运算符优先级别相同，运算次序由结合方向决定。例如，* 与 / 具有相同的优先级别，其结合方向为自左至右，因此 3*5/4 的运算次序是先乘后除。- 和 ++ 为同一优先级，结合方向为自右至左，因此 -i++ 相当于 -(i++)。

（2）不同的运算符要求有不同的运算对象个数，如 +（加）和 -（减）为双目运算符，要求在运算符两侧各有一个运算对象（如 3+5、8-3 等）。而 ++ 和 -（负号）运算符是一元运算符，只能在运算符的一侧出现一个运算对象（如 -a、i++、--i、(float)i、sizeof(int)、*p 等）。条件运算符是 C 语言中唯一的一个三目运算符，如 x?a:b。

（3）可以大致归纳出各类运算符的优先级：

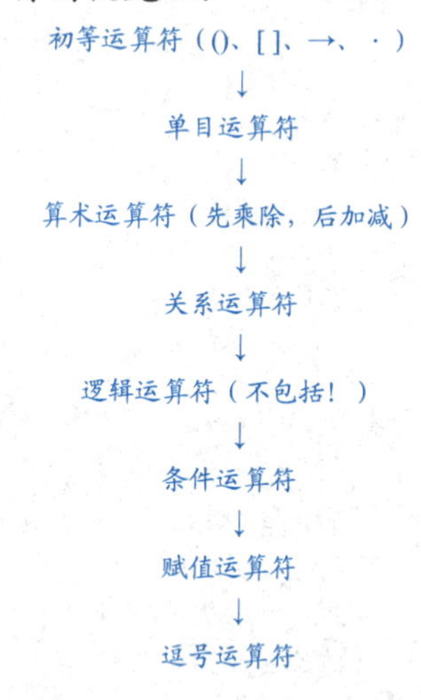

以上的优先级别由上到下递减。初等运算符优先级最高，逗号运算符优先级最低。位运算符的优先级比较分散：有的在算术运算符之前（如～），有的在关系运算符之前（如<<和>>），有的在关系运算符之后（如&、^、|）。为了容易记忆，使用位运算符时可加圆弧号。

附录D C语言库函数

库函数并不是C语言的一部分，它是由人们根据需要编制并提供用户使用的。每一种C编译系统都提供了一批库函数，不同的编译系统所提供的库函数的数目和函数名以及函数功能是不完全相同的。ANSI C标准提出了一批建议提供的标准库函数。它包括了目前多数C编译系统所提供的库函数，但也有一些是某些C编译系统未曾实现的。考虑到通用性，本书列出ANSI C标准建议提供的、常用的部分库函数，对多数C编译系统，可以使用这些函数的绝大部分。由于C库函数的种类和数目很多（例如，还有屏幕和图形函数、时间日期函数、与系统有关的函数等，每一类函数又包括各种功能的函数），限于篇幅，本附录不能全部介绍，只从教学需要的角度列出最基本的。读者在编制C程序时可能要用到更多的函数，请查阅所用系统的相关手册。

1. 数学函数

使用数学函数时，应该在该源文件中使用以下命令行：

```
#include <math.h>
```

或

```
#include "math.h"
```

函数名	函数原型	功　能	返回值	说　明
abs	int abs(int x);	求整数 x 的绝对值	计算结果	
acos	double acos(double x);	计算 arccos(x) 的值	计算结果	x 应在 -1 ~ 1 范围内
asin	double asin(double x);	计算 arcsin(x) 的值	计算结果	x 应在 -1 ~ 1 范围内
atan	double atan(double x);	计算 arctan(x) 的值	计算结果	
atan2	double atan2(double x, double y);	计算 arctan(x/y) 的值	计算结果	
cos	double cos(double x);	计算 cos(x) 的值	计算结果	x 的单位为弧度
cosh	double cosh(double x);	计算 x 的双曲余弦 cosh(x) 的值	计算结果	
exp	double exp(double x);	求 e^x 的值	计算结果	
fabs	double fabs(double x);	求 x 的绝对值	计算结果	
floor	double floor(double x);	求出不大于 x 的最大整数	该整数的双精度实数	
fmod	double fmod(double x, double y)	求整除 x/y 的余数	返回余数的双精度数	
frexp	double frexp(double val, int *eptr);	把双精度数 val 分解为数字部分（尾数）x 和以 2 为底的指数 n，即 val=x · 2^n，n 存放在 eptr 指向的变量中	返回数字部分 x $0.5 \leqslant x<1$	
log	double log(double x)	求 $\log_e x$，即 ln(x)	计算结果	
log10	double log10(double x);	求 $\log_{10} x$，即 lg x	计算结果	

续表

函数名	函数原型	功　能	返回值	说　明
modf	double modf(double val,double *iptr);	把双精度数 val 分解为整数部分和小数部分，把整数部分存到 iptr 指向的单元	val 的小数部分	
pow	double pow(double x, double y);	计算 xy 的值	计算结果	
rand	int rand(void);	产生 -90 ～ 32 767 间的随机整数	随机整数	
sin	double sin(double x);	计算 sin x 的值	计算结果	x 单位为弧度
sinh	double sinh(double x);	计算 x 的双曲正弦函数 sinh(x) 的值	计算结果	
sqrt	double sqrt(double x);	计算 x 的平方根	计算结果	x 应≥ 0
tan	double tan(double x);	计算 tan(x) 的值	计算结果	x 单位为弧度
tanh	double tanh(double x);	计算 x 的双曲正切函数 tanh(x) 的值	计算结果	

2. 字符函数和字符串函数

ANSI C标准要求在使用字符串函数时要包含头文件“string.h”，在使用字符函数时要包含头文件“ctype.h”。有的C编译不遵循ANSI C标准的规定，而用其他名称的头文件，使用时请查看相关手册。

函数名	函数原型	功　能	返 回 值	包含文件
isalnum	int isalnum(int ch);	检查 ch 是否是字母（alpha）或数字（numeric）	是字母或数字返回 1；否则返回 0	ctype.h
isalpha	int isalpha(int ch);	检查 ch 是否是字母	是，返回 1；不是，返回 0	ctype.h
iscntrl	int iscntrl(int ch);	检查 ch 是否是控制字符（其 ASCII 码在 0 ～ 0x1F 之间）	是，返回 1；不是，返回 0	ctype.h
isdigit	int isdigit(int ch);	检查 ch 是否是数字（0 ～ 9）	是，返回 1；不是，返回 0	ctype.h
isgraph	int isgraph(int ch);	检查 ch 是否是可打印字符（其 ASCII 码在 0x21 ～ 0x7E 之间），不包括空格	是，返回 1；不是，返回 0	ctype.h
islower	int islower(int ch);	检查 ch 是否是小写字母（a ～ z）	是，返回 1；不是，返回 0	ctype.h
isprint	int isprint(int ch);	检查 ch 是否是可打印字符（包括空格），其 ASCII 码在 0x20 ～ 0x7E 之间	是，返回 1；不是，返回 0	ctype.h
ispunct	int ispunct(int ch);	检查 ch 是否是标点字符（不包括空格），即除字母、数字和空格以外的所有可打印字符	是，返回 1；不是，返回 0	ctype.h
isspace	int isspace(int ch);	检查 ch 是否是空格、跳格符（制表符）或换行符	是，返回 1；不是，返回 0	ctype.h
isupper	int isupper(int ch);	检查 ch 是否是大写字母（A ～ Z）	是，返回 1；不是，返回 0	ctype.h
isxdigit	int isxdigit(int ch);	检查 ch 是否是一个十六进制数字字符（即 0 ～ 9，或 A ～ F，或 a ～ f）	是，返回 1；不是，返回 0	ctype.h
strcat	char *strcat(char *str1, char *str2);	把字符串 str2 接到 str1 后面，str1 最后面的 '\0' 被取消	str1	string.h
strchr	char *strchr(char *str, int ch);	找出 str 指向的字符串第一次出现字符 ch 的位置	返回指向该位置的指针，如找不到，则返回空指针	string.h
strcmp	int strcmp(char *str1,char *str2);	比较两个字符串 str1 和 str2	str1<str2，返回负数；str1=str2，返回 0；str1>str2，返回正数	string.h
strcpy	char *strcpy(char *str1, char *str2);	把 str2 指向的字符串复制到 str1 中去	返回 str1	string.h

续表

函数名	函数原型	功 能	返 回 值	包含文件
strlen	unsigned int strlen (char *str);	统计字符串 str 中字符的个数（不包括终止符 '\0'）	返回字符个数	string.h
strstr	char *strstr(char *str1,char *str2);	找出 str2 字符串在 str1 字符串中第一次出现的位置(不包括 str2 的串结束符)	返回该位置的指针。如找不到，返回空指针	string.h
tolower	int tolower(int ch);	ch 字符转换为小写字母	返回 ch 所代表的字符的小写字母	ctype.h
toupper	int toupper(int ch);	将 ch 字符转换成大写字母	与 ch 相应的大写字母	ctype.h

3. 输入/输出函数

凡用以下的输入/输出函数，应该使用#include <stdio.h>把stdio.h头文件包含到源程序文件中。

函数名	函 数 原 型	功 能	返 回 值	说 明
clearerr	void clearer(FILE *fp);	使 fp 所指文件的错误，标志和文件结束标志置 0	无	
close	int close(int fp);	关闭文件	关闭成功返回 0，不成功，返回 -1	非 ANSI 标准
creat	int creat(char *filename,int mode);	以 mode 所指定的方式建立文件	成功则返回正数，否则返回 -1	非 ANSI 标准
eof	int eof(int fd);	检查文件是否结束	遇文件结束，返回 1；否则返回 0	非 ANSI 标准
fclose	int fclose(FILE *fp)	关闭 fp 所指的文件，释放文件缓冲区	有错则返回非 0，否则返回 0	
feof	int feof(FILE *fp);	检查文件是否结束	遇文件结束符返回非零值，否则返回 0	
fgetc	int fgetc(FILE *fp);	从 fp 所指定的文件中取得下一个字符	返回所得到的字符。若读入出错，返回 EOF	
fgets	char *fgets(char *buf,int n, FILE *fp);	从 fp 指向的文件中读取一个长度为 (n-1) 的字符串，存入起始地址为 buf 的空间	返回地址 buf，若遇文件结束或出错，返回 NULL	
fopen	FILE *fopen(char *filename,char *mode);	以 mode 指定的方式打开名为 filename 的文件	成功，返回一个文件指针（文件信息区的起始地址），否则返回 0	
fprintf	int fprintf(FILE *fp, char *format,args⋯);	把 args 的值以 format 指定的格式输出到 fp 所指定的文件中	实际输出的字符数	
fputc	int fputc(char ch,FILE *fp);	将字符 ch 输出到 fp 指向的文件中	成功，则返回该字符；否则返回非 0	
fputs	int fputs(char *str, FILE *fp);	将 str 指向的字符串输出到 fp 所指定的文件	返回 0，若出错返回非 0	
fread	int fread(char *pt,unsigned size, unsigned n,FILE *fp);	从 fp 所指定的文件中读取长度为 size 的 n 个数据项，存到 pt 所指向的内存区	返回所读的数据项个数，如遇文件结束或出错返回 0	
fscanf	int fscanf(FILE *fp,char format,args,⋯)；	从 fp 指定的文件中按 format 给定的格式将输入数据送到 args 所指向的内存单元（args 是指针）	已输入的数据个数	
fseek	int fseek(FILE *fp, long offset,int base);	将 fp 所指向的文件的位置指针移到以 base 所指出的位置为基准、以 offset 为位移量的位置	返回当前位置，否则，返回 -1	

续表

函数名	函 数 原 型	功 能	返 回 值	说 明
ftell	long ftell(FILE *fp);	返回 fp 所指向的文件中的读写位置	返回 fp 所指向的文件中的读写位置	
fwrite	int fwrite(char *ptr, unsigned size, unsigned n, FILE *fp);	把 ptr 所指向的 n×size 个字节输出到 fp 所指向的文件中	写到 fp 文件中的数据项的个数	
getc	int getc(FILE *fp);	从 fp 所指向的文件中读入一个字符	返回所读的字符，若文件结束或出错，返回 EOF	
getchar	int getchar(void);	从标准输入设备读取下一个字符	所读字符。若文件结束或出错，则返回 -1	
getw	int getw(FILE *fp);	从 fp 所指向的文件读取下一个字（整数）	输入的整数。如文件结束或出错，返回 -1	非 ANSI 标准函数
open	int open(char *filename,int mode);	以 mode 指出的方式打开已存在的名为 filename 的文件	返回文件号（正数），如打开失败，返回 -1	非 ANSI 标准函数
printf	int printf(char *format, args,…);	按 format 指向的格式字符串所规定的格式，将输出表列 args 的值输出到标准输出设备	输出字符的个数。若出错，返回负数	format 可以是一个字符串，或字符数组的起始地址
putc	int putc(int ch,FILE *fp);	把一个字符 ch 输出到 fp 所指的文件中	输出的字符 ch。若出错，返回 EOF	
putchar	int putchar(char ch);	把字符 ch 输出到 fp 所指的文件中	输出的字符 ch。若出错，返回 EOF	
puts	int puts(char *str);	把 str 指向的字符串输出到标准输出设备，将 '\0' 转换为回车换行	返回换行符。若失败，返回 EOF	
putw	int putw(int w,FILE *fp);	将一个整数 w（即一个字）写到 fp 指向的文件中	返回输出的整数。若出错，返回 EOF	
read	int read(int fd,char *buf,unsi gned count);	从文件号 fd 所指示的文件中读 count 个字节到由 buf 指示的缓冲区中	返回真正读入的字节个数。如遇文件结束返回 0，出错返回 -1	
rename	int rename(char *oldname, char *newname);	把由 oldname 所指的文件名改为由 newname 所指的文件名	成功返回 0，出错返回 -1	
rewind	void rewind(FILE *fp);	将 fp 指示的文件中的位置指针置于文件开头位置，并清除文件结束标志和错误标志	无	
scanf	int scanf(char *format, args,…);	从标准输入设备按 format 指向的格式字符串所规定的格式，输入数据给 args 所指向的单元	读入并赋给 args 的数据个数。遇文件结束返回 EOF，出错返回 0	args 为指针
write	int write(int fd,char *buf,unsign ed count);	从 buf 指示的缓冲区输出 count 个字符到 fd 标志的文件中	返回实际输出的字节数。如出错返回 -1	非 ANSI 标准函数

4. 动态存储分配函数

ANSI标准建议设4个有关的动态存储分配的函数，即calloc()、malloc()、free()、realloc()。实际上，许多C编译系统实现时，往往增加了一些其他函数。ANSI标准建议在“stdio.h”中。读者在使用时应查阅相关手册。

ANSI标准要求动态分配系统返回void指针。void指针具有一般性，它们可以指向任何类型的数据。但目前有的C编译所提供的这类函数返回char指针。无论以上两种情况的哪一种，都需要用强制类型转换的方法把void或char指针转换成所需的类型。

函数名	函数原型	功能	返回值
calloc	void *calloc(unsigned n,unsigned size);	分配n个数据项的内存连续空间，每个数据项的大小为size	分配内存单元的初始地址。如不成功，返回0
free	void free(void *p);	释放p所指的内存区	无
malloc	void *malloc(unsigned size);	分配size字节的存储区	所分配的内存区初始地址，如内存不够，返回0
realloc	void *realloc(void *p,unsigned size);	将p所指出的已分配内存的大小改为size，size可以比原来分配的空间大或小	返回指向该内存区的指针

参 考 文 献

[1] 许洪军，贺维．C语言程序设计任务驱动教程[M]．北京：中国铁道出版社，2016．
[2] 谭浩强．C程序设计[M]．4版．北京：清华大学出版社，2010．
[3] 萨日那，孙欢，刘洋．C语言程序设计教学做一体化教程[M]．北京：北京交通大学出版社，2015．
[4] 王侠，陈祥章．C语言程序设计项目化教程[M]．北京：冶金工业出版社，2009．
[5] 苏传芳．C语言程序设计基础[M]．北京：电子工业出版社，2004．
[6] 汪金营．C语言程序设计案例教程[M]．北京：人民邮电出版社，2004．
[7] 徐建民．C语言程序设计[M]．北京：电子工业出版社，2005．
[8] 包锋．C语言程序设计实训能力教程[M]．北京：中国铁道出版社，2006．
[9] 张福祥．C语言程序设计[M]. 沈阳：辽宁大学出版社，2007．
[10] 李庆亮．C语言程序设计实用教程[M]. 北京：机械工业出版社，2008．
[11] 黑马程序员．C语言程序设计案例式教程[M]．北京：人民邮电出版社，2017．
[12] 刘琨．C语言程序设计：慕课版[M]. 北京：人民邮电出版社，2020．
[13] 丁亚涛．C语言程序设计[M].4版. 北京：高等教育出版社，2020．